英特尔 FPGA 中国创新中心系列丛书

人工智能导论

胡云冰　何桂兰　陈潇潇　张春阳

◎编著

李红蕾　童世华　童　亮　赵瑞华

电子工业出版社·

Publishing House of Electronics Industry

北京·BEIJING

内 容 简 介

本书致力于推动人工智能的普及教育，结合最新的人工智能科学技术的发展成果，使用通俗易懂的语言深入浅出地介绍了人工智能的相关知识，重点介绍了人工智能的孕育、人工智能的诞生、人工智能的复苏、人工智能的高速发展、人工智能的应用分支和哲学与思考等方面。在每章节后都有与之对应的章节习题，供学习者练习，以强化学生解决问题的能力。

本书适用于中职、高职高专及应用型本科人工智能通识课教材，也可作为人工智能的普及读物供广大读者自学或参考。

图书在版编目（CIP）数据

人工智能导论 / 胡云冰等编著. —北京：电子工业出版社，2021.2
（英特尔 FPGA 中国创新中心系列丛书）

ISBN 978-7-121-40569-3

Ⅰ.①人… Ⅱ.①胡… Ⅲ.①人工智能—高等学校—教材 Ⅳ.①TP18

中国版本图书馆 CIP 数据核字（2021）第 025440 号

责任编辑：刘志红（lzhmails@phei.com.cn）　　　　特约编辑：张思博
印　　　刷：三河市鑫金马印装有限公司
装　　　订：三河市鑫金马印装有限公司
出版发行：电子工业出版社
　　　　　　北京市海淀区万寿路 173 信箱　邮编　100036
开　　本：787×980　1/16　印张：14.75　字数：377.6 千字
版　　次：2021 年 2 月第 1 版
印　　次：2021 年 2 月第 1 次印刷
定　　价：65.00 元

凡所购买电子工业出版社图书有缺损问题，请向购买书店调换。若书店售缺，请与本社发行部联系，联系及邮购电话：(010) 88254888，88258888。

质量投诉请发邮件至 zlts@phei.com.cn，盗版侵权举报请发邮件至 dbqq@phei.com.cn。

本书咨询联系方式：(010) 88254479，lzhmails@phei.com.cn。

前　言

随着人工智能的迅猛发展，人工智能技术在各行各业中得到广泛应用，也引起了各国政府的高度重视，各国政府纷纷制定、颁布了相关规划和政策。自 2015 年以来，我国多次将人工智能的发展和规划列入国家政策，逐步确立人工智能技术在战略发展中的重要性。2017 年 7 月国务院印发了《新一代人工智能发展规划》。2018 年 4 月，教育部又印发了《高等学校人工智能创新行动计划》。2020 年 3 月，科技部发布了《关于科技创新支撑复工复产和经济平稳运行的若干措施》，在重点举措的"培育壮大新产业新业态新模式"中，明确提出要大力推动关键核心技术攻关，人工智能就是其中一项。人工智能通识教育课在全国许多高校中已经成为必修课。

本书由从事人工智能研究的教育工作人员和企业开发人员共同编写，以全面、基础、典型、新颖为原则，以人工智能的经典著作为依据，同时兼顾该学科的当前热点，将知识划分为六个模块，包括人工智能的孕育、人工智能的诞生、人工智能的复苏、人工智能的高速发展、人工智能的应用分支和哲学与思考，每个章节都配有与之对应的任务习题，引发学生对问题的思考、分析和解决，注重培养学生解决实际问题的能力。

本书由重庆电子工程职业学院胡云冰、何桂兰和陈潇潇负责编写，参加编写的还有张春阳、童世华、童亮、赵瑞华和李红蕾等老师，FPGA 中国创新中心和重庆海云捷迅科技有限公司的田亮、柴广龙、万毅、杨振宇等工程师为本书的编写提供了技术支持，程泓瑜、叶兴、刘福平、闵淇、胡耀、黄宇等同学为本书的编写做了材料收集等工作，全书由何桂兰统稿。

教材建设是一项系统工程，需要在实践中不断加以完善及改进，同时，由于编著者水平有限，书中难免存在疏漏和不足之处，敬请同行专家和广大读者给予批评和指正。

编著者

目 录

第 1 章

人工智能的孕育

内容梗概

　　人工智能（Artificial Intelligence，AI）是研究、开发用于模拟、延伸和扩展人的智能的理论、方法、技术及应用系统的一门新的技术科学。本章将从哥德尔定理、图灵和图灵机、冯·诺依曼体系结构、控制论的发展、人工神经元的发展等几个层面讲述人工智能的孕育过程及各类定理给人类科学造成的影响。

学习重点

1. 了解哥德尔定理的具体内容与贡献。
2. 图灵测试与图灵机运作的具体方法。
3. 熟知冯·诺依曼体系结构的特点与局限。
4. 了解控制论发展的标志性事件。
5. 人工神经元与生物神经元的不同作用。

任务点

1.1　哥德尔定理
1.2　图灵和图灵机
1.3　冯·诺依曼体系结构
1.4　控制论的发展
1.5　脑科学研究的突破
知识回顾
任务习题

1.1 哥德尔定理

哥德尔定理对许多专业学科的发展都起到了积极的推动作用，它使数学基础研究发生了划时代的变化，是现代逻辑史上一座很重要的里程碑，更是直接推动了"现代计算机之父"冯·诺依曼的现代计算机基本结构的诞生，并促进了"人工智能之父"图灵对机器的定义和图灵测试作为判断机器是否拥有人的智能方法的提出。可以说，哥德尔定理为人工智能的产生打下了坚实的基础，是学习人工智能的重要节点。想要步入人工智能的学习，首先要充分了解哥德尔定理的各个方面。

⊛ 1.1.1 哥德尔定理概述

1. 哥德尔定理的定义

哥德尔定理包括哥德尔完全性定理和哥德尔两个不完全性定理，它们都是哥德尔针对希尔伯特提出的四个问题所做的回答。希尔伯特所提的四个问题简略地说可以概括为：一是分析有穷主义的和谐性证明；二是集合论的和谐性证明；三是一阶数论和分析的完全性；四是一阶逻辑的完全性。哥德尔不完全性定理的注脚引了这篇假说，并在两年内从根本上回答了这四个问题。

1）哥德尔完全性定理

如果一个公式在逻辑上是有效的，那么这个公式就有一个有限的推论（形式证明）。

2）哥德尔不完全性定理

第一定理：任意一个包含一阶谓词逻辑与初等数论的形式系统都存在一个命题，它在这个系统中既不能被证明为真，也不能被证明为否。

第二定理：如果系统 S 含有初等数论，当 S 无矛盾时，它的无矛盾性不可能在 S 内证明。

2. 哥德尔不完全性定理的巨大影响

哥德尔的第二不完全性定理是在第一不完全性定理的基础上提出的，是第一不完全性定理的推论。针对哥德尔第二不完全性定理，我们可以这样去直观描述：一个理论，如果不自相矛盾，那么这种理论的不自相矛盾的性质在该理论所在的系统中是不可以被证明的。也就是说，一个算数形式系统，以及一切不弱于算数系统的形式系统，如果是一致的，则系统的这种一致性在该系统内部都不可以被证明。因此，哥德尔第二不完全性定理的提出带来了一个核心且被认为是致命的问题：我们要如何证明命题演算系统的一致性。在科学的世界里，一切演绎都必须有一个出发点，那些作为基础的出发点理论多数是人为定义出来的，但是人为的定义却很可能不为真，甚至可能只是我们一厢情愿的臆断。这是一个严肃的问题，关系到真理是否真实存在。而且，哥德尔第二不完全性定理进一步证明，世界上永远不会有绝对的真理，我们证明的命题演算系统的一致性终究是相对的一致性，而不是绝对的一致性。因此可以说，哥德尔第二不完全性定理宣告了希尔伯特纲领的彻底破产，希尔伯特的通过有穷主义证明方法和一致性证明来保证数学合理的希望就变成了海市蜃楼。这样的结论改变了我们对科学理论和整个世界的认识。

⊙ 1.1.2　逻辑学的发展

逻辑学是一门以推理形式为主要研究对象的学科，具有工具性和方法论的功能。它有两千多年的悠久历史，形成了西方、中国和印度三大逻辑传统。20 世纪，逻辑学得到重大发展，并且对哲学、数学、计算机科学、人工智能、语言等的发展起到相当大的推动作用。

1. 逻辑学的发展历史

逻辑学已有两千多年的历史，其发源地有三个，即中国、古印度和古希腊。

中国春秋战国时期就产生了称为"名学""辩学"的逻辑学。《荀子·正名》，尤其是《墨经》，集其大成，系统地研究了名、辞、说、辩等相当于词项、命题、推理与论证之类的对象，逻辑思想十分丰富，但由于与一定的政治、道德理论掺杂在一起，因此未能形成独立的学科体系。

在古印度，逻辑学被称为"因明"，"因"指推理的根据、理由；"明"指知识、智慧。陈那的《因明正理门论》、商羯罗主的《因明入正理论》是其代表，对推理从形式上做了探讨，提出了"三支论式"。但为佛教服务的"因明"也未能撇开思维具体内容而上升为数学形式的科学。

在西方国家的思想史中，逻辑学的发展包含三大时期，当然这三个时期并非是持续连贯的，期间包夹了一些荒芜时期。整体来说，第一个时期是公元前 400 年至公元前 200 年，这一时期最有影响力的人物是亚里士多德，他发展了"三段论"。第二个时期是 12 世纪至 14 世纪，这一时期的繁荣源于中世纪的欧洲大学，如巴黎大学和牛津大学。随着 19 世纪抽象代数的发展，促生了逻辑学发展的第三个时期，在这一时期，哥德尔提出了"不完全性定理"，弗雷格和罗素提出了非常新颖的逻辑学观点，第三个时期或许是这三大时期中最伟大的一个。

1）第一个时期

第一个时期代表学家：亚里士多德、迈加拉学派和斯多葛学派。这一时期中首先同时出现了两个学派，第一个是由亚里士多德（通常被认为是逻辑学的创始人）在雅典建立的"学园派"；另一个则是在雅典以西 50 千米的迈加拉学派，对于这一学派，人们所知甚少，但随后兴起的另一个学派斯多葛学派深受迈加拉逻辑学的影响。斯多葛学派的逻辑学家关注的一个重要方面就是研究否定、合取、析取和条件句的特性。

亚里士多德的逻辑是西方重要的形式逻辑、传统逻辑的起点，所以亚里士多德的逻辑又叫作传统逻辑。因为他的逻辑是专门研究思想的形式的，所以又叫作形式逻辑。传统逻辑主要的推理是用演绎法来推理的，所以亚里士多德的逻辑又叫作演绎逻辑。传统逻辑（形式逻辑）蕴含了线性思维方式。把形式逻辑思维方式看成唯一的思维方式，把形式逻辑运用范围扩大到所有对象，特别是需要复杂性思维的经济领域，就会出现悖论。对称逻辑的产生，既是人类思维、理论与实验发展的必然结果，也是"悖论""逼"出来的产物。

2）第二个时期

第二个时期代表学家：邓斯·司各特、奥康的威廉和莱布尼茨（见图 1-1）。邓斯·司各特毕业于牛津大学。奥康的威廉先在牛津大学学习，后又到巴黎求学。恰恰是这两位重要人物的求学经历，第二个时期便在牛津大学和巴黎大学繁荣了起来，他们继承并发展了古希腊的逻辑学思想，使之趋于系统化。然而在这之后，在 19 世纪下半叶之前，逻辑学都停滞不前，唯一闪耀的逻辑学家，就是莱布尼茨了。莱布尼茨是历史上少见的通才，他提出了逻辑学应该做些什么。莱布尼茨的目标是建立一种适合科学的理想的通用科学语言，以便用语句形式反映实体的性质。莱布尼茨认为，所有科学的思想都能归为较少的、简单的、不可分解的思想，利用它们能定义所有其他思想，通过分解和合并想法，新的发现将成为可能，就像数学计算过程一样。由于当时社会条件的限制，他的想法并没有实现，但是他的思想却是现代数理逻辑部分内容的萌芽，从这个意义上讲，莱布尼茨可以说是数理逻辑的先驱。

图 1-1　莱布尼茨

数理逻辑的兴起和发展主要有两个趋向：①应用数学方法处理逻辑问题，把形式逻辑发展到一个崭新阶段。17 世纪后期，传统的形式逻辑的局限性已充分暴露。例如，由于它主要以主谓式命题为限，没有精确的量词理论和关系理论，因而在实践中，特别是在科学中的应用范围很有限，人们迫切要求改变这种状况。②对数学基础的研究，产生了大量与逻辑有关的问题，从而推进了数理逻辑的发展。

3）第三个时期

第三个时期代表学家：哥德尔、罗素与弗雷格。19 世纪 40 年代，英国数学家布尔发表了《逻辑的数学分析》，建立了"布尔代数"，并创造了一套符号系统，利用符号来表示逻辑中的各种概念，建立了一系列的运算法则，利用代数的方法研究逻辑问题，初步奠定了数理逻辑的基础。布尔代数的发布也使莱布尼茨的设想首次成为现实。但直到 20 世纪初，弗雷格和罗素提出了非常新颖的逻辑学观点，如用真值函数来理解否定、合取和析取，以及把摹状词作为重要的逻辑范畴孤立地考察分析，并且在《数学原理》中建立了完全的命题演算和谓词演算，才最终确立了数理逻辑的基础，从此产生了现代演绎逻辑。对建立这门学科做出贡献的，还有皮尔斯，他在其著作中引入了逻辑符号，从而使现代数理逻辑最基本的理论基础逐步形成，成为一门独立的学科。

20 世纪初，哥德尔证明了形式数论（即算术逻辑）系统的"不完全性定理"：即使把初等数论形式化之后，在这个形式的演绎系统中也总可以找出一个合理的命题来，在该系统中既无法证明它为真，也无法证明它为假。哥德尔定理的发布对逻辑学的发展起到了积极的推动作用。这些理论也深深影响了人工智能之父——图灵。

2．哥德尔定理与逻辑学的关系

哥德尔定理粉碎了逻辑终将使我们理解整个世界的梦想，使逻辑学发生了革命性的变化，推动了传统逻辑向现代数理逻辑的转变。他告诉人们，"真"与"可证"是两个概念。可证的一定是真的，但真的不一定可证。也就是说，在某种意义上，驳论的阴影将永远伴随着我们。这一理论使数学基础研究发生了划时代的变化，更是现代逻辑史上一座很重要的里程碑。

⊙ 1.1.3 哥德尔在各领域的贡献

哥德尔的成果不仅影响了数学、逻辑学、计算机科学、物理学，而且改变了整个科学世界和构建于此定理之上的哲学，还波及了语言学、宇宙学，甚至包括法律上的"无罪推定"。对于人类来说，不了解哥德尔就不了解人类已达到的智力水平与人类智力奋斗的历程，也就无法了解我们这个世界在思想观念上已经发生或正在发生的深刻变化。

人们对于爱因斯坦并不陌生，但对于被他视为知己的普林斯顿高等研究院的同事哥德尔却不甚了解。哥德尔无疑是一位巨人，美国《时代》杂志评选出对 20 世纪思想产生重大影响的 100 人中，哥德尔位列第四。哥德尔被认为是自亚里士多德以来最伟大的逻辑学家，他提出的"哥德尔完全性定理"和"哥德尔不完全性定理"远远不止影响了逻辑学。

1. 哥德尔定理对现代逻辑学的影响

（1）哥德尔完全性定理表明一阶逻辑是完全的，一阶逻辑的语法刻画和语义刻画是重合的，这标志着一阶逻辑是成熟的逻辑理论。哥德尔完全性定理表明，一阶逻辑的永真公式（有效式）集合和可证公式（定理）集合是重合的，从而"有效性"这个语义概念和（一阶逻辑中）"可证"这个语法概念是一致的。由于证明是公式的有限序列，可证公式集是可数的，而确定公式是否有效，要检查无穷多可能的模型，因此，哥德尔完全性定理在不可数的东西和可数的东西之间架起了一座联系的桥梁。

（2）哥德尔完全性定理的进一步研究结果揭示了一阶语言的局限性。完全性定理有一个重要性推论——紧致性定理：一个公式集 T 是和谐的，当且仅当 T 的每一个有穷子集都是和谐的。应用紧致性定理，可以证明"有限""秩序"等性质不能在一阶语言中表达，使人们认识到一阶语言的表达能力的局限性。

（3）哥德尔完全性定理促进了模型论的发展，虽然模型论的第一个重要勒文海姆定理是于 1915 年出现的，它的一个基本概念由希尔伯特模糊地提出，但模型论的许多重要成果要归功于哥德尔完全性定理。哥德尔不完全性定理隐含着关于结构的重要结果——紧致性定理，是模型论开始发展成它的现代形式。紧致性定理表明，一个公式 T 有模型，当且仅当 T 的每一个有穷子集都有模型。因此，只要证明了 T 的每一个有穷子集都有模型，就能证明 T 有模型，而证明有穷子集有模型相对比较容易，这就使紧致性定理在模型讨论中得到广泛应用。

哥德尔不完全性定理引进的定义促使了递归论的产生，第一次给出原始递归函数精确定义的学者是哥德尔，哥德尔在证明不完全性定理的过程中引进了原始递归函数的严格定义，并建立了有关递归函数的重要定理。1931 年，艾尔伯朗致信哥德尔，提议引进一般递归函数概念。1936 年，克林在《自然数的一般递归函数》一文中，改进了艾尔伯朗和哥德尔的相关工作，给出一般递归函数的精确定义，并取得了递归论发展史上具有奠基性的一批成果，克林也成为递归论的创始人之一。克林在文章中使用了哥德尔不完全性定理中的元数学算术化方法，把递归函数形式系统算数化。

2. 哥德尔理论对计算机科学的影响

冯·诺依曼用哥德尔编码的思想设计了第一台现代计算机。1931 年 9 月 7 日，当哥德尔在柯尼斯堡会议当众宣布第一不完全性定理时，冯·诺依曼立即表示关注，他后来还致信哥德尔盛赞不完全性定理是划时代的贡献。而图灵也通过冯·诺依曼接触到了哥德尔不完全性定理，并沿着哥德尔的推理路线前行，最终取得了极大成功。图录的关于可判定性和可计算性的证明工作也让哥德尔甚感欣慰，他说图灵的工作巩固了他的两个不完全性定理。

3. 哥德尔定理对物理学的影响

物理学家也在关注哥德尔定理，英国《卫报》等媒体曾报道，著名英国物理学家斯蒂芬·霍金教授发表了题为《哥德尔与物理学的终结》的演讲，宣布他放弃对"万有理论"的追求。霍金认为，根据哥德尔不完全性定理，物理学家不可能以有限数目原理构建描述整个宇宙的"万有理论"，因为物理理论乃是通过数学模型来阐述的。能否建立物理学的哥德尔定理呢？人们经常对这个问题进行讨论，其中，戴森和斯特劳斯的观点较具代表性，戴森希望能够证明物理学的哥德尔定理，希望物理也是不可穷尽的，斯特劳森认为哥德尔定理"宰杀"了爱因斯坦建立终极理论的理想。王浩认为，根据经验证据很难说追求终极理论是"一种合乎理性的谋划"。

4. 哥德尔定理对哲学的影响

哥德尔在20世纪20年代虽曾参加石里克小组的讨论，但他并不赞成逻辑实证主义观点，只是对用数理逻辑分析哲学问题感兴趣。他后期致力于哲学研究后，并未发表过系统的哲学论著，其哲学观点都散见于讨论数学或物理的哲学论文或讲演之中。他认为，健全的哲学思想和成功的科学研究密切相关。在他看来，一般数学和元数学，特别是关于超穷思想方法的客观主义观点，对于他的逻辑研究是根本的。他在其文章中指出，数学对象，如集论里的超穷集，是独立于人们所构造的"客观实在"，而不是像康德所断定的那样，是"纯主观"的。他认为，正如感性知觉对于物理对象一样，人们通过数学直观所得到的知觉也可以提供代表客观实在的材料，但他对此没有再进一步说明。哥德尔自称其哲学观点为"客观主义"，这比称之为"新柏拉图主义"更为恰当。

哥德尔定理不仅对各个科学学科产生极大影响，对我们的生活也产生了影响，甚至与人类社会息息相关的法律学也深受哥德尔定理的影响。对于人类来说，在学习知识的路上，无论是哪一个专业，都必定受到数学和哲学的影响，而哥德尔定理对这两门学科的发展提供了极大的动力，可以说哥德尔定理就是学习的必经之路。

1.2 图灵和图灵机

图灵机与图灵测试都为人工智能这门学科的开创和发展奠定了良好的基础，只有学习好图灵机工作的原理，以及图灵测试判断人工智能的具体方法，才能更容易地去理解人工智能的基础。

⊙ 1.2.1 图灵测试

图灵测试的基本内容是：如果机器能在5分钟内回答由人类测试者提出的一系列问题，

并且其超过 30%的回答让测试者误认为是人类所答，则机器通过测试。被测试者包括一个被测试人和一个声称自己拥有人类智能的机器。测试时，测试人与被测试人是分开的，测试人只能通过一些装置（如键盘）向被测试人问一些问题，随便什么问题都可以。问过一些问题后，如果测试人能够正确地分出谁是人、谁是机器，那么机器就没有通过图灵测试；如果测试人没有分出谁是机器谁是人，那么机器就通过了图灵测试，即拥有人类智能。

图灵测试是由英国数学家、逻辑学家艾伦·麦席森·图灵（见图 1-2）提出的。1950年，他发表了一篇名为 *Computing Machinery and Intelligence* 的文章，文章中提出了"机器能否拥有智能？"的问题。这是他第一次成功定义"什么是机器"，但是当时的人们还不能给"智能"下定义。

图 1-2　图灵

经过实验，图灵得出机器是具有一定思维的，由此，他对智能问题从行为主义的角度给出了定义，并且大胆做出假设："一个人在不接触对方的情况下，通过一种特殊的方式，和对方进行一系列的问答，如果在一段时间内，他无法根据这些问题判断对方是人还是机器，那么，就可以判定这个机器具有与人相当的智力。"这就是著名的"图灵测试"。但是，在当时的世界环境中，几乎所有机器都无法通过这一测试。

要想分辨出一个想法是"自创"的思想还是精心设计的"模仿"，是非常难的，任何"自创"思想的证据都可以被否决。而图灵试图解决长久以来关于如何定义"思考"的哲学争论，他认为，一个思想虽然是自创的，带有主观性的，但是也是可以操作的。也就是说："如果一台机器的表现（act）、反应（react）和互相作用（interact）都和有意识的个体一样，那么它就应该被认为是有意识的。"这也就是说明：机器只要能做出反应，便是具有一定意识的。

图灵当时的想法特别大胆，人们对其是存有一定猜疑的。为了消除人们心中的偏见，图灵设计了一种"模仿游戏"来验证图灵测试的有效性。游戏概况如下：远处的人类测试者在一段规定的时间内，根据两个实体对他提出的各种问题的反应来判断两个实体是人类还是机器。通过一系列这样的测试，根据机器被误判断为人的概率就可以测出机器智能的成功程度。

针对这个模仿游戏，图灵曾对测试的具体操作做出过详细的解释："我们称下面这个问题为'模仿游戏'。游戏参与者包括一个男人、一个女人，以及一个任意性别的询问者。一方面，询问者与另外两个人待在不同的房间里，并通过打字的方式与他们交流，以确保询问者不能通过声音和笔迹区分二者。两位被询问者分别用 X 和 Y 表示，询问者事先只知道 X 和 Y 中有且仅有一位女性，而询问的目标是正确分辨 X 和 Y 中哪一位是女性。另一方面，两位被询问者 X 和 Y 的目标都是试图让询问者认为自己是女性。也就是说，男性被询问者需要把自己伪装成女性，而女性被询问者需要努力自证。现在我们来做一个假设：如果我们把模仿游戏中的男性被询问者换成机器，结果会怎样？相比人类男性，机器能否使询问者更容易产生误判？"

这里有几个细节值得注意，它们在很大程度上决定了图灵测试的有效性。

首先，图灵测试中，询问者与被询问者之间进行的并不是普通的日常聊天，询问者的问题是以身份辨别为目的的。这种情况下，询问者通常不会花费时间用来寒暄和拉家常，而是会开门见山地说："为了证明你的身份，请配合我回答下面问题……"事实上，目前，网络上的聊天机器人有时能够以假乱真，往往是采用了在用户不知情的情况下尽量把谈话引到没有鉴别力的话题上的策略（如"谈谈你自己吧"）。

其次，图灵测试中人类被询问者的参与是必不可少的，他的存在是为了防止机器采取"消极自证"的策略。例如，拒绝正面回答问题，或者答非所问、闪烁其词，就像一个真正的不合作的人所做的一样。在这种情况下，另一个积极自证的人类被询问者可以保证询问者总是有足够的信息做出判断。类似的情况也适用于当机器试图模仿正在牙牙学语的幼童或头脑不清的病人等"特殊人类"时。

再次，图灵测试的原则是要求询问的交互方式本身不能泄露被询问者的物理特征。在图灵所处的年代，这几乎只能全部通过基于文本的自然语言来完成，因此图灵限定测试双方基于打字进行交流。但在多媒体技术发达的今天，视频、音频、图片等虚拟内容都可以通过计算机以非物理接触的形式呈现（这当然是 60 年前的图灵不能预知的）。因此，允许询问者在图灵测试中使用多媒体内容作为辅助材料进行提问（如"请告诉我这个视频的笑点在哪儿"）似乎是对原始图灵测试定义的一个自然合理的补充。

最后，今天一般意义上理解的图灵测试不再严格区分人类参与者的性别。通常，我们允许人类被询问者是任意性别，而询问者的目标也随之变成辨别哪一位被询问者是人类。

除此之外，完成一次具体的图灵测试还要注意很多操作细节。例如，多少人参与测试算"足够多"，多长的询问时间算"足够长"，多高的辨别正确率算"足够高"，如何挑选人类询问者和被询问者才能代表"人类"的辨别和自证能力，等等。由于图灵测试的巨大影响力，几十年来一直有人尝试挑战它，不时就会传出"某计算机程序成功通过图灵测试"的消息。对于意义深远的实验，我们理应格外审慎，只有在仔细检查上面所列和其他一些重要细节之后，才能对其结果的有效性做出正确判断。

那么，针对图灵测试，人们也许会想：如果有一天机器真的通过了测试，这到底意味着什么？这个问题涉及图灵测试与人工智能的关系。的确，几乎所有有关人工智能的书籍都会谈到图灵测试，但一个经常被误解的地方是，图灵测试是作为一个人工智能的充分条件被提出的，它本身并没有，也从未试图定义"智能"的范畴。这一点图灵在他的论文里写得很清楚："机器能否拥有智能，为了回答这个问题我们应该首先定义'机器'和'智能'。一种可能性是根据大多数普通人的日常理解去定义这两个概念，但这样做是危险的……在这里我并不打算定义这两个概念，而是转而考虑另一个问题，它与原问题密切相关，同时可以被更清楚无疑地表达……（图灵测试的描述）。可能有人会说这项测试对机器而言过于严格——毕竟人类也无法反过来成功地伪装成机器，这只需检查算术的速度和正确度即可辨别。难道被认为拥有智能的机器就不能表现出和人类不同的行为吗？这是一个很有力的反对意见。但不管怎样，假如我们有能力制造出一个可以成功通过测试的机器的话，也就无须为这个反对意见烦恼了。"

那么，图灵测试与人工智能究竟有什么样的渊源呢？这里借助集合的概念来帮助我们理解二者的关系。智能行为判断如图 1-3 所示。

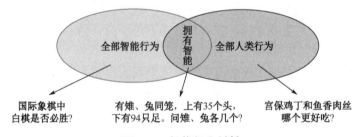

图 1-3　智能行为判断

图中"全部智能行为"对应的集合和"全部人类行为"对应的集合既有交集又互有不同。在"全部智能行为"中，有一些是人类靠自身无法做到的（如计算出国际象棋中白棋是否必胜）。但无论如何人类都被认为是有智能的，因此，一方面，在各方面都能达到"人类水平"——也就是完成两个集合的交集部分——就应该被认作"拥有智能"，另一方面，人类行为并不总和智能相关。图灵测试要求机器全面模拟"全部人类行为"，其中既包括了两个集合的交集，也包括了人类的"非智能"行为，因此通过图灵测试是"拥有智能"的一个有效的充分条件。

1956 年，在美国达特茅斯大学举办了一场研讨会，明斯基等人在会上热烈地讨论了"用机器模拟人类智能行为"，正式确立了"人工智能"这一术语，这标志着人工智能学科的诞生。以明斯基为代表的参会科学家随后在麻省理工学院创建了一个人工智能实验室，这是人类历史上第一个聚焦人工智能的实验室。图灵测试开启了人们对"人工智能"的讨论，直到今天，图灵测试仍然是判断一部机器是否具有人工智能的重要方法。

⊙ 1.2.2　图灵机

图灵机（见图 1-4）是一个抽象的机器，它有一条无限长的纸带，纸带分成了一个一个的小方格，每个方格有不同的颜色。有一个机器头在纸带上移动。机器头有一组内部状态，还有一些固定程序。在每个时刻，机器头都要从当前纸带上读入一个方格信息，然后结合自己的内部状态查找程序表，根据程序输出信息到纸带方格上，并转换自己的内部状态，然后进行移动。

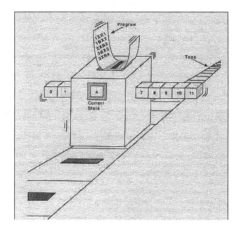

图 1-4　图灵机

1．图灵机的具体内容

图灵的基本思想是用机器来模拟人们用纸笔进行数学运算的过程，他把这样的过程看作两种简单的动作：在纸上写上或擦除某个符号；把注意力从纸的一个位置移动到另一个位置。而在每个阶段，人要决定下一步的动作，依赖于此人当前所关注的纸上某个位置的符号和此人当前的思维状态。为了模拟人的这种运算过程，图灵构造出一台假想的机器，该机器由以下几个部分组成。

1）一条无限长的纸带

纸带被划分为一个接一个的小格子，每个格子上包含一个来自有限字母表的符号，字母表中有一个特殊的符号，表示空白。纸带上的格子从左到右依次被编号为 0，1，2，...，纸带的右端可以无限伸展。

2）一个读写头

该读写头可以在纸带上左右移动，它能读出当前所指的格子上的符号，并能改变当前格子上的符号。

3）一套控制规则

它根据当前机器所处的状态及当前读写头所指的格子上的符号来确定读写头下一步的动作，并改变状态寄存器的值，令机器进入一个新的状态。

4）一个状态寄存器

状态寄存器（见图1-5）用来保存图灵机当前所处的状态。图灵机的所有可能状态的数目是有限的，并且有一个特殊的状态，称为停机状态。

图 1-5　状态寄存器

注意：这个机器的每一部分都是有限的，但它有一个潜在的无限长的纸带，因此这种机器只是一个理想的设备。图灵认为这样的一台机器就能模拟人类所能进行的任何计算过程。

在某些模型中，读写头沿着固定的纸带移动。要进行的指令（q1）展示在读写头内。在这种模型中空白的纸带是全部为 0 的。有阴影的方格，包括读写头扫描到的空白，标记了 1, 1, B 的那些方格，和读写头符号一起构成了系统状态（见图 1-6，由 Minsky (1967) p.121 绘制）。

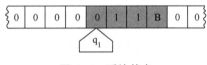

图 1-6　系统状态

2. 图灵机诞生的意义

图灵提出图灵机的模型并不是为了同时给出计算机的设计，图灵机的模型还有很多意义，它证明了通用计算理论，肯定了计算机实现的可能性，同时它给出了计算机应有的主要架构。此外，图灵机模型引入了读写、算法与程序语言的概念，极大地突破了过去的计算机器的设计理念；并且图灵机模型理论是计算学科最核心的理论，因为计算机的极限计算能力就是通用图灵机的计算能力，很多问题可以转化到图灵机这个简单的模型来考虑。

通用图灵机向人们展示这样一个过程：程序及其输入可以先保存到存储带上，图灵机就按程序一步一步运行直到给出结果，结果也保存在存储带上。更重要的是，这隐约可以看到现代计算机的主要构成，尤其是冯·诺依曼理论的主要构成。

1.3　冯·诺依曼体系结构

冯·诺依曼体系结构是现代计算机的基础，也是人工智能学科的基础，但它天然的局限性也是计算机科学课人工智能无法快速发展的原因之一，直到现在大多数计算机仍是冯·诺依曼计算机的组织结构，因此深入学习冯·诺依曼体系结构及其特点与局限，能更好地发展和学习人工智能。

⊙ 1.3.1　冯·诺依曼体系结构简介

1946 年，美籍匈牙利科学家冯·诺依曼提出存储程序原理，把程序本身当作数据来对待，程序和该程序处理的数据用同样的方式存储，并确定了存储程序计算机的五大组成部分和基本工作方法。半个多世纪以来，计算机制造技术发生了巨大变化，但冯·诺依曼体系结构仍然沿用至今，人们总是把冯·诺依曼称为"现代计算机之父"。冯·诺依曼体系结构如图 1-7 所示。

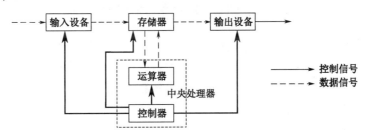

图 1-7　冯·诺依曼体系结构

根据冯·诺依曼体系结构构成的计算机，必须具有如下功能：能够向计算机发送所需的程序和数据；必须具有长期记忆程序、数据、中间结果及最终运算结果的能力；能够完成各种算术、逻辑运算和数据传送等数据加工处理的能力；能够根据需要控制程序走向，并能根据指令控制机器的各部件协调操作；能够按照要求将处理结果输出给用户。

将指令和数据同时存放在存储器中，是冯·诺依曼计算机方案的特点之一。计算机由控制器、运算器、存储器、输入设备、输出设备五部分组成。冯·诺依曼提出的计算机体系结构，奠定了现代计算机的结构理念。

在计算机诞生之前，人们在计算的精度和数量上出现了瓶颈，对于计算机这样的机器的需求就十分强烈，冯·诺依曼的逻辑和计算机思想指导他设计并制造出历史上的第一台通用电子计算机。他的计算机理论主要受自身数学基础的影响，并且具有高度数学化、逻辑化特征，对于该理论，他将其称作"计算机的逻辑理论"。而他的计算机存储程序的思想，则是他的另一个伟大创新，通过内部存储器安放存储程序，成功解决了当时计算机存储容量太小、运算速度过慢的问题。

第二次世界大战期间，美军要求实验室为其提供计算量庞大的计算结果，于是便有了研制电子计算机的设想。面对这种需求，美国立即组建研发团队，包括许多工程师与物理学家，试图开发全球首台计算机（后世称作 ENIAC）。虽然采取了最先进的电子技术，但缺少原理上的指导。这时，冯·诺依曼出现了。他提出了一个至关重要的方面——计算机的逻辑结构。冯·诺依曼从逻辑入手，带领团队对 ENIAC 进行改进。他的逻辑设计具有以下特点：将电路、逻辑两种设计进行分离，给计算机建立创造最佳条件；将个人神经系统、计算机结合在一起，提出全新理念，即生物计算机。

即便 ENIAC 是通过当时美国乃至全球顶尖技术实现的，但它采用临时存储，将运算器确定成根本，故而缺点较多，如存储空间有限、程序无法存储、运行速度较慢，具有先天不合理性。冯·诺依曼以此为前提制定了以下优化方案：用二进制进行运算，大大加快了计算机速度；存储程序，也就是通过计算机内部存储器保存运算程序。如此一来，程序员仅通过存储器写入相关运算指令，计算机便能立即执行运算操作，大大提高了运算效率。

⊙ 1.3.2　冯·诺依曼体系结构的特点和局限

冯·诺依曼体系结构固然为现代计算机打下了基础，直到现在，大部分计算机仍在用冯·诺依曼计算机的组织结构，只是做了一些改进，并没有从根本上突破冯·诺依曼体系结构的局限性。要知道，传统冯·诺依曼计算机体系结构所具有的天然局限性从根本上限制了计算机的发展。

1. 特点

现代计算机发展所遵循的基本结构形式始终是冯·诺依曼体系结构。这种结构的特点是：程序存储，共享数据，顺序执行，需要 CPU 从存储器取出指令和数据进行相应的计算。其主要特点有：①单处理机结构，机器以运算器为中心；②采用程序存储思想；③指令和数据一样可以参与运算；④数据以二进制表示；⑤将软件和硬件完全分离；⑥指令由操作码和操作数组成；⑦指令顺序执行。

2. 局限

CPU 与共享存储器间的信息交换速度成为影响系统性能的主要因素，而信息交换速度的提高又受制于存储元件的速度、存储器的性能和结构等诸多条件，而传统冯·诺依曼计算机体系结构的存储程序方式造成了系统对存储器的依赖，CPU 访问存储器的速度制约了系统运行的速度。

集成电路 IC 芯片的技术水平决定了存储器及其他硬件的性能。为了提高硬件的性能，以英特尔公司为代表的芯片制造企业在集成电路生产方面做出了极大的努力，并且获得了巨大的技术成果。现在每隔 18 个月，IC 的集成度翻 1 倍，性能也提升 1 倍，产品价格降低一半，这就是所谓的"摩尔定律"。这个规律已经持续了 40 多年，估计还将延续若干年。然而，电子产品面临的两个基本限制是客观存在的：光的速度和材料的原子特性。第一，信息传播的速度最终将取决于电子流动的速度，电子信号在元件和导线里流动会产生时间延迟，频率过高会造成信号畸变，所以元件的速度不可能无限地提高直至达到光速。第二，计算机的电子信号存储在以硅晶体材料为代表的晶体管上，集成度的提高在于晶体管变小，但是晶体管不可能小于一个硅原子的体积。随着半导体技术逐渐逼近硅工艺尺寸极限，摩尔定律原来导出的规律将不再适用。

3. 对冯·诺依曼计算机体系结构缺陷的分析

指令和数据存储在同一个存储器中，会形成系统对存储器的过分依赖。如果储存器件的发展受阻，系统的发展也将受阻。指令在存储器中按其执行顺序存放，由指令计数器 PC 指明要执行的指令所在的单元地址，然后取出指令执行操作任务，所以指令的执行是串行的，影响了系统执行的速度。

存储器是按地址访问的线性编址，按顺序排列的地址访问，利于存储和执行的机器语言指令，适用于做数值计算。但是高级语言表示的存储器则是一组有名字的变量，按名字调用变量，不按地址访问。机器语言同高级语言在语义上存在很大的间隔，称之为冯·诺依曼语义间隔。消除语义间隔成了计算机发展面临的一大难题。

冯·诺依曼计算机体系结构是为算术和逻辑运算而诞生的，目前在数值处理方面已经达到较高的速度和精度，而非数值处理应用领域发展缓慢，需要在体系结构方面有重大的突破。

传统的冯·诺依曼型结构属于控制驱动方式。它是执行指令代码对数值代码进行处理，只要指令明确，输入数据准确，启动程序后自动运行且结果是预期的。一旦指令和数据有错误，机器不会主动修改指令并完善程序。而人类生活中有许多信息是模糊的，事件的发生、发展和结果是不能预期的，现代计算机的智能是无法应对如此复杂任务的。

4. 冯·诺依曼结构体系的局限对人工智能的含义

现代计算机一直在不断改善，量子计算机就是在这样的社会背景下诞生的产物，它能解决以前无法解决的问题，并在任意长的时间里可靠运行，也为人工智能的发展提供了有力的硬件条件。但计算机的模糊性和通用性并没有得到有效的改善，这种缺陷很难确保传统计算机可以实现人工智能。即使量子计算机可以通过图灵测试，也许离实际的人工智能还相差甚远。

1.4　控制论的发展

控制论的创立不仅是一门横断科学诞生的标志，而且其本身也是一门具有科学方法论性质的科学。控制论和信息论构成了人工智能研究方法的主体，并已经显示了其巨大的威力。下面我们一起来了解控制论方法与人工智能的关系。

⊙ 1.4.1　控制论的发展历程

控制论是在 20 世纪 30 年代到 40 年代逐步形成的一门独立的学科。在控制论发展的短暂历史中，我们可以将其分为经典控制理论和现代控制理论。

1. 经典控制理论的发展历程

1）萌芽阶段

早在古代，劳动人民就凭借在生产实践中积累的丰富经验和对反馈概念的直观认识，发明了许多闪烁着控制理论智慧火花的杰作。如果要追溯自动控制技术的发展历史，那么早在两千年前的中国就有了自动控制技术的萌芽。例如，两千年前我国发明的指南车（见图 1-8），就是一种开环自动调节系统。它利用差速齿轮原理，以及齿轮传动系统，根据车轮的转动，由车上木人指示方向。不论车子转向何方，木人的手始终指向南方，即"车虽回运而手常指南"。

图 1-8　指南车

2）起步阶段

随着科学技术与工业生产的发展，到 17、18 世纪，自动控制技术逐渐应用到现代工业中。1681 年，法国物理学家、发明家巴本（Papin）发明了用作安全调节装置的锅炉压力调节器。1765 年，俄国人普尔佐诺夫（Polzunov）发明了蒸汽锅炉水位调节器。1788

年，英国人瓦特（Watt）在他发明的蒸汽机上使用了离心调速器，解决了蒸汽机的速度控制问题，也引起了人们对控制技术的重视。离心调速器有两个飞球，转起来以后，因为离心力，飞球就往外胀；飞球胀开以后，下面的套筒就往上升，套筒的移动带动执行机构动作起来。这是最早的瓦特的离心调速器。自动控制技术的逐步应用，加速了第一次工业革命的步伐。

3）发展阶段

实践中出现的问题，促使科学家从理论上进行探索研究。1868 年，英国物理学家麦克斯韦（Maxwell）通过对调速系统线性常微分方程的建立和分析，解释了瓦特蒸汽机速度控制系统中出现的剧烈振荡的不稳定问题，提出了简单的稳定性代数判据，开辟了用数学方法研究控制系统的途径。

此后，英国数学家劳斯（Routh）和德国数学家胡尔维茨（Hurwitz）把麦克斯韦的思想扩展到高阶微分方程描述的更复杂的系统中，两人分别在 1877 年和 1895 年提出了直接根据代数方程的系数判别系统稳定性的准则：两个著名的稳定性判据——劳斯判据和胡尔维茨判据。这些方法基本上满足了 20 世纪初期控制工程师的需要，奠定了经典控制理论中时域分析法的基础。

由于第二次世界大战需要控制系统具有准确跟踪与补偿能力，因此 1932 年，美国物理学家奈奎斯特（Nyquist）提出了频域内研究系统的频率响应法，建立了以频率特性为基础的稳定性判据，为具有高质量的动态品质和静态准确度的军用控制系统提供了所需的分析工具。

随后，伯德（Bode）和尼科尔斯（Nichols）在 20 世纪 30 年代末和 40 年代初进一步将频率响应法加以发展，形成了经典控制理论的频域分析法。建立在奈奎斯特的频率响应法和伊万斯的根轨迹分析法基础上的理论，称为经典控制理论(或称古典控制理论、自动控制理论)，为工程技术人员提供了一个设计反馈控制系统的有效工具。

4）标志阶段

1947 年，控制论的奠基人美国数学家维纳（Weiner）把控制论引起的自动化同第二次工业革命联系起来，并于 1948 年出版了《控制论——关于在动物和机器中控制与通讯的科学》。该书论述了控制理论的一般方法，推广了反馈的概念，为控制理论这门学科奠定了基础。

1948 年，美国科学家伊万斯（Evans）创立了根轨迹分析法，为分析系统性能随系统参数变化的规律性提供了重要工具，被广泛应用于反馈控制系统的分析、设计中。我国著名科学家钱学森将控制理论应用于工程实践，并于 1954 年出版了《工程控制论》。

从 20 世纪 40 年代到 50 年代末，经典控制理论的发展与应用使整个世界的科学水平出现了巨大的飞跃，几乎在工业、农业、交通运输及国防建设的各个领域都广泛采用了自动化控制技术。

第二次世界大战期间，反馈控制方法被广泛用于设计研制飞机自动驾驶仪、火炮定位系统、雷达天线控制系统及其他军用系统。这些系统的复杂性和对快速跟踪、精确控制的高性能追求，迫切要求拓展已有的控制技术，促使了许多新的见解和方法的产生。同时，还促进了对非线性系统、采样系统及随机控制系统的研究。因此，可以说工业革命和战争促使了经典控制理论的发展。

以传递函数作为描述系统的数学模型，以时域分析法、根轨迹法和频域分析法为主要分析设计工具，是经典控制理论的基本框架。到 20 世纪 50 年代，经典控制理论发展到相当成熟的地步，形成了相对完整的理论体系，为指导当时的控制工程实践发挥了极大的作用。

经典控制理论主要用于解决反馈控制系统中控制器的分析与设计的问题。反馈控制系统的简化原理如图 1-9 所示。以炉温控制为例，受控对象为炉子；输出变量为实际的炉子温度；输入变量为给定常值温度，一般用电压表示。炉温用热电偶测量，代表炉温的热电动势与给定电压相比较，两者的差值电压经过功率放大后用来驱动相应的执行机构进行控制。

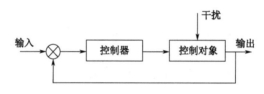

图 1-9　反馈控制系统的简化原理

2. 现代控制理论的发展历程

20 世纪 50 年代中期，随着科学技术及生产力的发展，特别是空间技术的发展，迫切需要解决复杂的多变量系统、非线性系统的最优控制问题（如火箭和宇航器的导航、跟踪和着陆过程中的高精度、低消耗控制，到达目标的控制时间最小等）。实践的需求推动了控制理论的进步，同时，计算机技术的发展也从计算手段上为控制理论的发展提供了条件，适合于描述航天器的运动规律，又便于计算机求解的状态空间模型成为主要的模型形式。

1956 年，美国数学家贝尔曼（Bellman）提出了离散多阶段决策的最优性原理，创立了动态规划。之后，贝尔曼等人提出了状态分析法，并于 1964 年用离散多阶段决策的动态规划法解决了连续动态系统的最优控制问题。美国数学家卡尔曼（Kalman）等人于 1959 年提出了著名的卡尔曼滤波器，1960 年又在控制系统的研究中成功地应用了状态空间法，提出了系统的能控性和能观测性问题。1956 年，苏联科学家庞特里亚金（Pontryagin）提出极大值原理，并于 1961 年证明并发表了极大值原理。极大值原理和动态规划为解决最优控制问题提供了理论工具。

20 世纪 60 年代初，一套以状态方程作为描述系统的数学模型，以最优控制和卡尔曼滤波为核心的控制系统分析、设计的新原理和方法基本确定，现代控制理论应运而生。进入 20 世纪 60 年代，英国控制理论学者罗森布洛克（Rosenbrock）、欧文斯（Owens）和麦克法轮（MacFarlane）研究了使用于计算机辅助控制系统设计的现代频域法理论，将经典控制理论传递函数的概念推广到多变量系统，并探讨了传递函数矩阵与状态方程之间的等价转换关系，为进一步建立统一的线性系统理论奠定了基础。

20 世纪 70 年代，瑞典控制理论学者奥斯特隆姆（Astrom）和法国控制理论学者朗道（Landau）在自适应控制理论和应用方面做出了贡献。与此同时，关于系统辨识、最优控制、离散时间系统和自适应控制的发展大大丰富了现代控制理论的内容。

现代控制理论是在 20 世纪 50 年代中期迅速兴起的空间技术的推动下发展起来的。空间技术的发展迫切要求建立新的控制原理，以解决诸如把宇宙火箭和人造卫星用最少燃料或最短时间准确地发射到预定轨道一类的控制问题。这类控制问题十分复杂，采用经典控制理论难以解决。1958 年，苏联科学家庞特里亚金提出了名为"极大值原理"的综合控制系统的新方法。在这之前，美国学者贝尔曼于 1954 年创立了动态规划，并在 1956 年应用于控制过程。他们的研究成果解决了空间技术中出现的复杂控制问题，并开拓了控制理论中最优控制理论这一新的领域。1960—1961 年，美国学者卡尔曼和布什建立了卡尔曼-布什滤波理论，因而有可能有效地考虑控制问题中所存在的随机噪声的影响，扩大控制理论的研究范围，包括更为复杂的控制问题。几乎在同一时期，贝尔曼、卡尔曼等人把状态空间法系统地引入控制理论中。状态空间法对揭示和认识控制系统的许多重要特性具有关键的作用。其中能控性和能观测性尤为重要，成为控制理论的两个最基本的概念。到 20 世纪 60 年代初，一套以状态空间法、极大值原理、动态规划、卡尔曼-布什滤波为基础的分析和设计控制系统的新的原理和方法已经确立，这标志着现代控制理论的形成。

⊙ 1.4.2　控制论方法与人工智能

控制论的创立，不仅是一门横断科学诞生的标志，而且是一门具有科学方法论性质的科学。创立控制论的目的在于创造一种语言和技术，使我们有效地研究一般的控制和通信问题，同时也在寻找一种恰当的思维方法和技术，以便控制和通信问题的各种特殊表现都能借助一定的概念加以分类。

对于 20 世纪 50 年代形成的一门边缘学科——人工智能科学，控制论和信息论构成了其研究方法的主体，并已经显示了其巨大的威力。下面仅就模拟、反馈及黑箱等控制方法的几个主要方面，讨论其与人工智能科学的关系。

1. 控制论方法与人工智能

1）模拟是人工智能研究的基本方法

控制论的创始者维纳等人发现，在结构和形态上存在着明显差异的事物间，又存在着某种同一性，在人和机器这两个不同的系统中也是如此。由于这个发现，维纳等人把人的行为、目的等概念引入机器，同时又把通信工程的信息和自动控制工程的反馈概念引进活的有机体，从而产生了功能模拟的科学方法。

人工智能就是研究如何使计算机去做过去只有人才能做的具有智能的工作，其中心目标就是使计算机更有用及探讨智能的原理。计算机的硬件和软件能够把思维的物质手段和思维的物质外壳——语言、算法结合起来，能自动地高速进行复杂的信息处理，这就使得对人类智能的某些方面的模拟成为可能。下面将从智能模拟的几个主要方面——感知、联想、记忆、思维及输出效应的研究，来说明模拟方法在人工智能科学中的应用。

（1）对感知的模拟，包括对人的视、听、嗅、触各器官对外界信息的感觉效应的模拟。人工智能最早的研究领域之一——模式识别，就属于此类，它的目标是模拟人的感觉器官，完成对于外界信息的获取、分析与理解。

图像和物景的识别是对人的视觉的模拟，目前已能识别英文印刷体和某些手写体，识别白细胞和癌细胞，有人用自相关函数抽取图像的方法，通过选取三类小汽车模型、101个样本，进行统计分析，识别率最高可达 95%，总识别率可达 78%。

语言的识别是对人的听觉的模拟。早期的系统仅能识别 50～100 个孤立的字，现在已能识别按随意方式排列的几百个复杂句子，速度可达 60 字/分钟。有人给出了最小距离、二维 Walhs 变换及离散 Bayes 决策三种语言识别方法。利用这些方法，识别率高达 90%。

（2）联想记忆的模拟是人工智能的一大重要课题。将来的计算机应该成为更多模拟人类联想与学习功能的人工智能装置，而联想是自学习与思维控制程序自生成的重要基础之一。如何建立联想的数学模型？我国现代著名数学家、科学家、哲学家吴学谋提出了泛系分析方法，其出发点是人脑中的世界是外部世界的一个泛系投影或泛系模拟，也是学习外部世界的一个内部背景。外部世界通过感官与人的实践，一直在给内部世界增加某种广义影泛系或拟子泛系，这一输入的泛系又在内部世界中泛系赋形，使内部世界进行自组织而逐步趋于完整。联想就是一种广义的赋形自组织过程。基于这个出发点，人们又提出了半等价泛系，鸟瞰式半等价泛系及自组织程序泛系自动机等联想模型。应该指出的是，由于联想的复杂性，对于联想的模拟还是一个相当艰巨的任务。

（3）输出效应的模拟。对人的发声器官的模拟，已经是一个人工智能系统的必备部分。语言的产生如此复杂，以致其数学模型无法用解析式描述。有人采用双音素为声元素，在频率域上进行合成无限汉语词汇的模拟研究。这项研究按照声学特性把语言区分为浊音、摩擦音和爆破音，借助于波形图或频谱图，把声道系统与声源近似地描述为一个线性系统，即把声音输出在数学上表示为激励源和声道传输函数的卷积，由此得出一个语言合成的简化模型图，如图 1-10 所示。

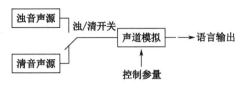

图 1-10　语言合成的简化模型

利用上述办法，在计算机上实现了一个汉语语音合成系统，合成了一篇约 40 个汉字的短文，经 10 个中国人测听，句子可懂度平均达 90%，最高达 97%。

（4）思维的模拟。对人类思维的研究是人工智能科学中的核心问题。目前，这方面的研究主要是在生理学和心理学两个方面。其中，生理学派就是采用功能模拟方法，它试图建立思维的生理学模型，通过微观的方法，直接模拟人脑和神经系统的结构及其功能。关于这方面，20 世纪 50 年代末出现的模仿神经系统局部结构与功能的感知机曾风行于 60 年代。尽管以后的一段时间处于低潮，日本及西方一些科学工作者仍做了不少工作，出现了凯布林斯基的视觉信息处理脑模型及马尔的大脑新皮层理论等。我国的一些学者也开展了这方面的研究，他们以语言信息为线索，通过思维的"反射弧系"和"中枢分析综合图"来研究人的思维过程，已提出了多层分集神经元网络，并应用到质谱分析中，取得了较好的效果。综上所述，人工智能科学的各主要研究方向均是采用模拟方法。功能模拟与智能模拟方法是人工智能研究的最基本方法。人工智能的实质，就是人类智能的机器模拟。

2）反馈方法的广泛应用

反馈方法是控制系统的一种方法。把系统输送出去的信息作用于被控制对象后产生的结果再输送回来，并对信息再输出发生影响的过程，称为"反馈"。运用反馈的概念去分析和处理问题的方法称为"反馈方法"。它是一种用系统活动的结果来调整系统活动的方法。

借助流程图构造实际问题的数学模型，进而借助计算机语言，通过计算机的运算来解决问题。图 1-11 中，以信息处理为主体，首先输入原始信息、设置处理目标，而后进入信息处理过程，信息处理得到的结果再与设定目标比较，如果目标达到，则输出结果；否则，修改参数，回到输入端，再次进入信息处理过程。如此循环、调节，直至获得令人满意的结果，这就是利用系统活动的结果来调整系统的活动，即根据过去的操作来调整未来的行动。可见，它是反馈方法的具体体现。

在人工智能科学中，学习系统的建立，不仅是本门学科的重要研究内容，也是控制系统的主要形式之一。它与自适应、自组织系统有着密切的联系。正因为如此，控制论方法在研究学习系统时也得到其应有的发挥。

学习系统就是在与环境的相互作用中,不断使知识完善化的系统,其一般结构如图 1-12 所示。图中，环境、知识库、工作环节和学习环节是学习系统的必要组成部分。环境，这里是指外界，即根据过去的操作情况来调整未来的信息来源，是系统的输入；知识库，用来存储系统通过学习获得的各种知识；工作环节，即决策或执行环节，它利用已有的知识做出决定或行动；学习环节，是学习系统的核心部分，它对信息进行搜索控制、逻辑思考，以产生、修改及补充知识；监督环节，主要用来评判学习效果，指导学习环节工作以及指导选择环节工作；选择环节，是指环境选取有典型意义的事例，作为训练集来训练机器掌握必要的知识，以提高学习效率。

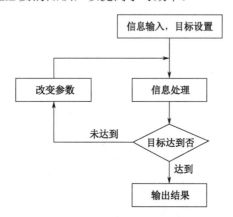

图 1-11　计算机解题流程示意图

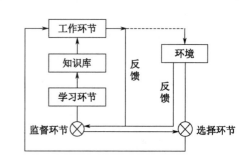

图 1-12　学习系统的一般模型

如何使工作环节产生的决策最佳?这里利用的就是反馈的方法。首先设置反馈环节，对决策进行评判，再经学习环节进行逻辑思考，直至获得最佳决策。如果是在线学习，则经过学习产生的决策输出到环境中是否符合客观实际，又要将决策的环境效应反馈给学习环节进行调节，以产生新的最佳决策。利用上述原理建立的判断推理的产生式学习与决策系统——PLADS，对若干事物进行机器学习与决策试验，取得了成效。以上仅是人工智能科学中应用反馈方法的几个例子。实际上，在人工智能领域许多方面，如感知、思维和机器人等问题的研究，都广泛地应用了反馈方法。

3）黑箱方法的独到之处

人脑是智能活动的物质基础。要真正了解人的智能活动的奥秘，必须彻底地了解人脑及其活动的机制。然而，人脑是如此复杂，以致"在整个宇宙中没有什么已知的东西可与之比拟"。遗憾的是，人脑创造了科学，但科学迄今尚不能解释人脑的机制。因此，对人脑的研究是人工智能科学的关键。但是，到目前为止，对人脑及其活动的机制还不能用直接观测的方法进行研究。在这种情况下，控制论的黑箱方法就显示出它的独到之处了。

简单地讲，黑箱就是其内部结构还不清楚，但可通过外部观测和试验去认识其功能和特性的客体。黑箱方法，即不打开黑箱，而通过外部观测和试验，利用模型进行系统分析，通过信息的输入和输出来研究黑箱的功能和特性，探索其结构和机理。它着重于研究整体功能和动态特性。

1936 年，24 岁的奇才图灵提出了理想计算机模型（即图灵机），创立了自动机理论，这个理论也是人工智能科学的一个理论基础。实际上，图灵机就是黑箱理论的典型应用。黑箱具有记忆功能，即具有内部状态——内态，具有内态的黑箱称为有限自动机，"有限"指黑箱的内态有限，"自动"即黑箱能自动根据输入改变它的内态。有限自动机加上无限长输入、输出带及无限容量的辅助存储器，即构成了图灵机。这种抽象的模型，不需要了解其内部结构，只需将信息输入有限状态控制器来控制输出，即侧重于整体功能和动态特性的研究。自从第一台电子计算机诞生以来，自动机理论一直推动着计算机科学的飞速发展。

对人类思维的研究是人工智能研究的核心问题，它的生理学派是采用功能模拟方法。然而，人脑的极其复杂性决定了寻找其数学模型的艰巨性，使得人们不得不去寻找其他途径。因此，诞生了目前已成为人工智能研究主流的心理学派。心理学派不是依靠理论推导去寻求人脑结构的数学模型，而是靠人们总结出来的一些解决问题的有效经验，如策略、技巧、窍门、法则和简化步骤等，把这些经验性的东西写成规则形式来模拟人的思维活动。实际上，就是把人脑看作一个黑箱，通过这个黑箱的外部特性去研究其输入和输出间的关系。根据这种思想，1976 年美国数学家阿佩尔等人证明了 124 年来未能解决的四色定理，引起了世界轰动。

1979 年，我国李太航提出了用意识胞来表示、利用和获取知识的新设想。这个方法可以用来有效地描述和实现人的明晰或模糊的思维推理过程。这种原理和方法已经成功地应用到上海计算所研制的"中医智能计算机系统"中。由于意识胞思维模型简单而又完美地解决了知识的表示、利用和获取问题，所以它是一个很有前途的理论分支。由此可见，黑箱方法在人工智能中的应用是得天独厚且卓有成效的。

维纳等人所创立的控制论，从战略思想上看有独到之处，从科学史的角度来看，它从昔日科学家的研究程式"物质—能量"一跃而为对"信息—系统"的控制和通信的研究，打通了各门科学之间，如自然科学、技术科学、工程科学、数学和社会科学之间相互联系的途径。因而，它是方法论上的一个创新。

2. 控制论方法的伟大之处

作为一门涉及计算机科学、信息科学、控制科学、系统科学、数学、心理学、电子学、生物学、语言学和哲学等学科的综合性边缘学科——人工智能，控制论和信息论是它的重要理论基础，而控制论方法则给它提供了最基本、最主要的研究手段。尽管目前的智能模拟距离人的智力还很遥远，然而，自然界中整个运动的统一，现在已经不再是哲学论断，而是自然科学的事实了。控制论和信息论的原理和方法给人工智能的研究展现了灿烂的前景，可以相信，它必将结出丰硕之果。

1.5　脑科学研究的突破

由于冯·诺依曼体系结构的局限性，数字计算机存在一些尚无法解决的问题。人们一直在寻找新的信息处理机制，神经网络计算就是其中之一。虽然人类还没有掌握生物神经元的功能与结构，目前所说的人工神经元与生物神经元之间也可能有很大的区别，但生物神经元是人工神经元的原型。因此，对生物神经元的学习很有必要。

⊙ 1.5.1　生物神经元

狭义地讲脑科学就是神经科学，是为了了解神经系统内分子水平、细胞水平、细胞间的变化过程，以及这些过程在中枢功能控制系统内的整合作用而进行的研究。（美国神经科学学会）广义地讲，脑科学是研究脑的结构和功能的科学，包括认知神经科学等。

1. 生物神经元的基本内容

人脑大约由 140 亿个神经元组成，神经元互相连接成神经网络。神经元是大脑处理信息的基本单元，以细胞体为主体，由许多向周围延伸的不规则树枝状纤维构成的神经细胞，其形状很像一棵枯树的枝干。它主要由细胞体、树突、轴突和突触组成。从神经元各组成部分的功能来看，信息的处理与传递主要发生在突触附近。当神经元细胞体通过轴突传到突触前膜的脉冲幅度达到一定强度，即超过其阈值电位时，突触前膜将向突触间隙释放神经传递的化学物质。

2. 生物神经元的主要内容

1）神经元学说

神经元之间接触的部位，并认为神经元与神经元之间在这个部位进 1897 年，谢灵顿提出使用"突触"这个术语来描述一个神经元与另一个神经元进行信息沟通。1907 年，巴甫洛夫将狗对食物之外的无关刺激引起的唾液分泌现象称为条件反射。

20 世纪初，兰利和他的学生发现肾上腺素的效应与刺激交感神经系统的效应十分相似。后来戴尔发现胆碱及其衍生物对心脏、膀胱和唾液腺的效应与刺激副交感神经相似，特别是乙酰胆碱最有效。奥托·勒维在 1921 年所做的实验证明，刺激迷走神经释放活性化学物质，抑制心搏，继而证明，这种化学物质就是乙酰胆碱。1936 年，戴尔等人在刺激支配肌肉的运动神经后得到神经释放的乙酰胆碱，因而把化学传递推广到全部的外周神经系统。

1948 年，比克尔在将小鼠肉瘤 S180 移植于三日龄鸡胚体壁时，与移植片连接的脊髓感觉神经节及交感神经节增大 20%～40%。基于比克尔的这一发现，1954 年，科恩等从小鼠肉瘤 S180 和 S37 中成功地分离出具同一活性的蛋白质，随后又从蛇毒中分离出具有千倍活性的蛋白质和从小鼠鄂下腺分离出具有万倍活性的蛋白质，这种蛋白质被称为神经生长因子。

20 世纪 50 年代，霍奇金、赫胥黎、卡茨和艾克尔斯用微电极获得精确的电信号记录。电子显微镜的应用揭示了突触和神经元的细微结构。20 世纪 60 年代，树突的整合功能被认知，证明神经系统有无冲动的突触回路和突触相互作用。

2）生物神经元结构

生物神经元包括细胞体、树突、轴突、突触等部位，具体结构如图 1-13 所示。

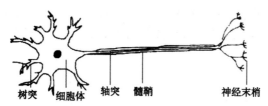

树突　细胞体　轴突　髓鞘　　　　神经末梢

图 1-13　生物神经元结构

（1）细胞体：包括细胞核、细胞质和细胞膜。

（2）树突：胞体短而多分枝的突起，负责接收来自其他神经元的输入信号，相当于细胞体的输入端（input）。

（3）轴突：胞体上最长枝的突起，也称神经纤维，端部有很多神经末梢传出神经冲动。

（4）髓鞘：包裹在神经细胞轴突外面的一层膜。其作用是绝缘，防止神经电冲动从神经元轴突传递至另一神经元轴突。

（5）神经末梢：神经纤维的末端部分，分布在各种器官和组织内。按其功能不同，分为感觉神经末梢和运动神经末梢。

3）神经元的功能

兴奋与抑制：当传入神经元冲动，经整合，使细胞膜电位升高，超过动作电位的阈值时，为兴奋状态，产生神经冲动，由轴突经神经末梢传出；当传入神经元的冲动，经整合，使细胞膜电位降低，低于动作电位的阈值时，为抑制状态，不产生神经冲动。

学习与遗忘：由于神经元结构的可塑性，突触的传递作用可增强或减弱，因此，神经元具有学习与遗忘的功能。

⊙ 1.5.2　人工神经元

人工神经网络是在现代神经生物学研究基础上提出的模拟生物过程，反映人脑某些特性的一种计算结构。它不是人脑神经系统的真实描写，而只是它的某种抽象、简化和模拟。在人工神经网络中，人工记忆神经元常被称为"处理单元"。有时从网络的观点出发常把它称为"节点"。人工记忆神经元是对生物神经元的一种形式化描述，它对生物神经元的信息处理过程进行抽象，并用数学语言予以描述；对生物神经元的结构和功能进行模拟，并用模型图予以表达。

1. 人工神经元的具体内容

1943 年，麦卡洛克和匹兹基于对大脑神经元的研究提出了人工神经元模型（M-P 模型）（见图 1-14）。图中，左边的 $I_1, I_2, ..., I_N$ 为输入单位，可以从其他神经元接受输出，然后将这些信号经过加权（$W_1, W_2, ..., W_N$）传递给当前的神经元并完成汇总。如果完成汇总的输入信息强度超过了一定的阈值（T），则该神经元就会发出一个信号 y 给其他神经元或者直接输出到外界。该模型后来被称为麦卡洛克-匹兹模型，可以说它是第一个真实神经元的模型。

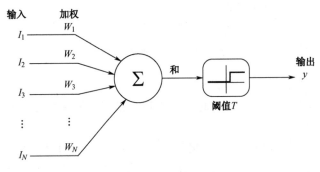

图 1-14 人工神经元模型

2. 生物神经元与人工神经元的关系

人工神经元模拟生物神经元的基本特征，建立多种神经元模型，进入深度学习。生物神经元是人工神经元的原型，虽然人类无法掌握生物神经元的功能与结构，但人工智能的目的就是使机器具有同人相当的智力。

▸知识回顾 ◂

本章学习了人工智能学科的孕育过程，通过对哥德尔及逻辑学的了解引申出"人工智能之父"图灵和"现代计算机之父"冯·诺依曼。控制论的创立，不仅是一门横断科学诞生的标志，而且是一门具有科学方法论性质的科学。控制论和信息论构成了人工智能研究方法的主体，并已经显示了巨大的威力。人工神经元网络作为人工智能学科的重要分支，是大家学习的重点。

任务习题

一、选择题

1. 下列属于图灵测试的内容的是（　　）。
   A. 当机器与人对话，两者相互询问，人分不清机器是人还是机器时，说明机器通过了图灵测试
   B. 当机器骗过测试者，使得询问者分不清是人还是机器时，说明机器通过了图灵测试
   C. 当人与人对话，其中一人的智力超过另一个人时，说明前者通过了图灵测试
   D. 两机对话，其中一机的智力超过另一机时，说明前一个机器通过了图灵测试

2. 20 世纪 50 年代，英国有位著名的数学家、逻辑学家，被后人尊称为"人工智能之父"，这个人是（　　）。
   A. 诺伯特·维纳　　　　　　　B. 冯·诺依曼
   C. 艾伦·图灵　　　　　　　　D. 约翰·麦卡锡

3. 人工智能的含义最早是由一位科学家于 1950 年提出的，并且同时提出一个机器智能的测试模型，这位科学家是（　　）。
   A. 明斯基　　　　　　　　　　B. 扎德
   C. 图灵　　　　　　　　　　　D. 冯·诺依曼

二、填空题

1. 1950 年，英国数学家_____论述并提出了著名的_____，形象地指出了什么是人工智能，以及机器应达到的智能标准。

2. 哥德尔定理包括哥德尔_____定理和哥德尔两个_____定理，它们都是哥德尔针对_____提出的四个问题所作的回答。

3. 逻辑学已有两千多年的历史，其发源地有三个，即_____、_____和_____。

4. 计算机由控制器、_____、_____、_____、输出设备五部分组成。

5. 生物神经元包括细胞体、_____、_____、突触等部位。

三、简答题

1. 简述图灵机运作所需的物品和过程。
2. 西方逻辑学发展的三个时期的代表人物分别有哪些？
3. 模拟是人工智能研究的基本方法，请列举通过控制论方法能产生哪些功能模拟。

第 2 章

人工智能的诞生

内容梗概

随着时代的发展，人工智能与人类之间产生了新的变化和联系，也产生了新的问题。因此，在新形势下，如何正确理解和处理人类智能与人工智能之间的关系，如何将人类思维与智能机器相结合，无论对于社会的发展和科学的研究还是人类文明自身的进步，都有着实际的价值和深远的意义。本章将从人工智能的提出、人工智能的流派、感知机和自适应线性元件、LISP 语言、人工智能的发展瓶颈等方面介绍人工智能的诞生。

学习重点

1. 达特茅斯会议。
2. 人工智能的流派。
3. 感知机和自适应线性元件。
4. LISP 语言。
5. 人工智能的发展瓶颈。

任务点

2.1 人工智能的提出

⊙ 2.1.1 达特茅斯会议

1956 年 8 月，在美国汉诺斯小镇宁静的达特茅斯学院（见图 2-1）中，约翰·麦卡锡（John McCarthy）、马文·闵斯基（Marvin Minsky，人工智能与认知学专家）、克劳德·香农（Claude Shannon，信息论的创始人）、艾伦·纽厄尔（Allen Newell，计算机科学家）、赫伯特·西蒙（Herbert Simon，诺贝尔经济学奖得主）等科学家正聚在一起，讨论着一个主题：用机器来模仿人类学习及其他方面的智能。达特茅斯会议的召开，标志着人工智能就此诞生。

图 2-1　达特茅斯学院

麦卡锡给这个第二年在达特茅斯学院举办的活动起了一个在当时看来别出心裁的名字——"人工智能夏季研讨会"（Summer Research Project on Artificial Intelligence）。人们普遍的误解是，"人工智能"这个词是麦卡锡想出来的，其实不是。麦卡锡晚年回忆时也承认这个词最早是他从别人那里听来的，但记不清是谁了。后来，英国数学家菲利普·伍德华（Woodward）给《新科学家》杂志写信说他是"人工智能"（AI）一词的最早提出者，麦卡锡最早是听他说的，因为他在 1956 年曾去麻省理工学院（MIT）交流时见过麦卡锡。但麦卡锡 1955 年的建议书中就开始用"人工智能"一词了。

⊙ 2.1.2 人工智能概述

1. 人工智能的定义

人工智能（Artificial Intelligence，AI）亦称智械、机器智能，指由人制造出来的机器所表现出来的智能。通常，人工智能是指通过普通计算机程序来呈现人类智能的技术。该词也指出研究这样的智能系统是否能够实现，以及如何实现。人工智能在一般教材中的定义领域是"智能主体（intelligent agent）的研究与设计"，智能主体指一个可以观察周遭环境并做出行动以达到目标的系统。约翰·麦卡锡于 1955 年对"人工智能"的定义是"制造智能机器的科学与工程"。安德里亚斯·卡普兰（Andreas Kaplan）和迈克尔·海恩莱因（Michael Ha enlein）将"人工智能"定义为"系统正确解释外部数据，从这些数据中学习，并利用这些知识通过灵活适应实现特定目标和任务的能力"。人工智能的研究是高度技术性的和专业的，各分支领域都是深入且各不相通的，因而涉及范围极广。

人工智能的核心问题包括建构能够跟人类似甚至超卓的推理、知识、规划、学习、交流、感知、移物、使用工具和操控机械的能力等。当前有大量的工具应用了人工智能，其中包括搜索和数学优化、逻辑推演等。而基于仿生学、认知心理学，以及概率论和经济学的算法等也在逐步探索当中。

2016 年 3 月，基于搜索技术与深度学习方法相结合的人工智能围棋系统 AlphaGo 以 4∶1 的优势战胜了世界围棋高手李世石，引发了世人对于人工智能的高度关注：什么是人工智能？它的技术本质是什么？人工智能的能力有没有边界？人工智能对科技、经济、社会的进步会有什么独特的贡献？

2．人工智能与人类智能的区别

自然进化所造就的智能，称为自然智能。与此对应，人工智能就是指由人类所制造的智能，也就是机器的智能。然而，人工智能的原型必定是自然智能，特别是人类的智能，因为人类智能是地球上迄今所知晓的最为复杂、最为高级的智能。因此，人工智能研究的任务就是理解自然智能奥秘，创制人工智能机器，增强人类智力能力。

那么，什么是人类的智能？虽然目前学术界还没有统一的定义，但是，原理上可以这样理解，人类的智能是指为了不断提升生存发展的水平，人类利用知识去发现问题、定义问题（认识世界）和解决问题（改造世界）的能力。众所周知，发现问题和定义问题的能力，是人类创造力的第一要素。这种能力主要依赖于人类的目的、知识、直觉、临场感、理解力、想象力、灵感、顿悟和审美能力等内兼品质，因此称为"隐性智能"；解决问题的能力主要依赖于获取信息、提炼知识、创生策略和执行策略等外显能力，因此称为"显性智能"。隐性智能和显性智能相互联系、相互促进、相辅相成，构成人类智能的完整体系。

研究表明，人类的隐性智能颇为复杂，甚至颇为神秘。机器没有生命，也没有自身的目的，难以自行建立直觉、想象、灵感、顿悟和审美的能力，而人类对于这些内兼能力的理解也十分有限，因此难以在机器上实现隐性智能。这就是人工智能难以全面超越人类智能的原因。总之，随着社会的进步，人类的隐性智能本身也还会不断地进化发展，不会永远停留在某个固定的水平上，这就使机器的能力更加难以企及。相对而言，显性智能富于操作性，比较可能被理解和研究。目前，多数研究者都把显性智能作为主要研究对象。由于人类智能具有远胜于机器的创造力，而人工智能机器具有远胜于人类的工作速度、工作精度、工作强度和耐力等操作能力。因此，这种研究实际上是人类发现问题、定义问题的创造性智能与机器解决问题的操作性智能强强联合、优势互补的研究范式。

2.2　人工智能的流派

随着第一台电子计算机的问世，人类拉开了人工智能技术发展的历史序幕。一般认为，人工智能是对人脑的模拟和扩展，是研究以人造的智能机器或智能系统来延伸人类智能的一门科学。人工智能研究者基于对"智能"的不同理解，形成了符号主义、联结主义和行为主义三大流派。本小节拟通过对人工智能研究领域的三大流派进行比较与分析，从中获得相关的有价值的启示。

⊛ 2.2.1　符号主义

早期的人工智能研究者绝大多数属于符号主义。符号主义的实现基础是纽威尔和西蒙提出的物理符号系统假设。该学派认为："人类认知和思维的基本单元是符号，而认知过程就是在符号表示上的一种运算。"该学派认为，人是一个物理符号系统，计算机也是一个物理符号系统。因此，我们就能够用计算机来模拟人的智能行为，即用计算机的符号操作来模拟人的认知过程。这种方法的实质就是模拟人的左脑抽象逻辑思维（见图 2-2），通过研究人类认知系统的功能机理，用某种符号来描述人类的认知过程，并把这种符号输入到能处理符号的计算机中，就可以模拟人类的认知过程，从而实现人工智能。可以把符号主义的思想简单地归结为"认知即计算"。

从符号主义的观点来看，知识是信息的一种形式，是构成智能的基础，知识表示、知识推理、知识运用是人工智能的核心，知识可用符号表示，认知就是符号的处理过程，推理就是采用启发式知识及启发式搜索对问题求解的过程，而推理过程又可以用某种形式化的语言来描述，因而有可能建立起基于知识的人类智能和机器智能的同一理论体系。

符号主义的代表成果是 1957 年纽威尔和西蒙等人开发的成为"逻辑理论家"的数学定理证明程序"LT"。LT 的成功，说明了可以用计算机来研究人的思维过程，模拟人的智能活动。以后，符号主义走过了一条启发式算法—专家系统—知识工程的发展道路，尤其是专家系统的成功开发与应用，使人工智能研究取得了突破性进展。

符号主义的代表性成就是专家系统。专家系统是一个智能计算机程序系统，其内部含有大量的某个领域专家水平的知识与经验，能够利用人类专家的知识和解决问题的方法来处理该领域的问题。也就是说，专家系统是一个具有大量的专门知识与经验的程序系统，它应用人工智能技术和计算机技术，根据某领域一个或多个专家提供的知识和经验，进行推理和判断，模拟人类专家的决策过程，以便解决那些需要人类专家处理的复杂问题。20世纪 60 年代末至 70 年代，专家系统的出现使人工智能研究出现新高潮，同时也使得符号主义成为最成功的流派而一枝独秀。

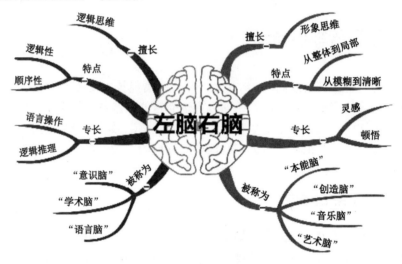

图 2-2 左、右脑图示

符号主义主张用逻辑方法来建立人工智能的统一理论体系，但却遇到了"常识"问题的障碍，以及不确知事物的知识表示和问题求解等难题，因此，受到其他学派的批评与否定。

20 世纪 80 年代以后，符号主义逐渐衰落。从历史上看，从 1926 年到 1956 年，符号主义经历了从一枝独秀到逐渐衰落的过程。究其原因，主要是还原论的理性主义方法无法对复杂、系统的问题进行有效处理，简单的线性分解会使得系统复杂性遭到破坏，并且形式化的处理方式回避常见问题，但是到了 20 世纪 70 年代，常识问题对于人工智能而言却是无法回避的问题。于是，联结主义和行为主义趋势而起，通过最新的研究成果，开始逐渐占领人工智能的领地。

⊙ 2.2.2 联结主义

1. 联结主义代表着认知科学的其中一个流派

早在 20 世纪 50 年代，Ashby（1952）、Minsky（1954）、Rosenblatt（1962）等人设计了神经系统的计算方案。除了它们的生物属性之外，这些方案具有"学习"的 能力，而不是像符号处理方案那样提前把各种程序都设计好。在这一阶段，符号处理模式和联结主义模式都被作为建立智力模型的选择方案。但是，符号处理方案在语言（Chomsky，1965）

和解决问题（Newell&Simon，1972）等一些相关领域得到了比较成功的应用，而联结主义方案因为当时理论的局限性而被逐渐放弃。但是，随着认知科学研究的不断发展，符号处理模式的局限性也逐渐暴露出来，越来越多的研究者开始意识到符号主义虽然可以解决许多问题，但是它们在语言处理方面与人脑还有很大的差距，人类认知活动模式的建立需要更多地接近人类大脑工作的真实情况。因此，从 20 世纪 80 年代开始，人们又开始把目光转向联结主义模式。在最近 20 多年的时间里，有关的研究者又进一步发展了联结主义理论，并克服了该理论以往的一些局限（McClelland &Rumelhart，1986），这使得联结主义理论又重新成为与符号处理模式相并列的一种关于人类心理活动的理论。

联结主义和符号主义的根本区别体现在以下三个方面。第一，符号主义采用的符号模型与大脑的结构没有必然的相似性，而联结主义则确保其模型与大脑的结构及其工作原理相类似。第二，符号主义一般强调心理模式的外在符号的结构和内在操作的句法规则，而联结主义则强调从外部环境学习和以节点之间联结的方式。第三，符号主义认为内在的心理活动包含外在符号的操作，而联结主义则认为外在符号的操作并不能表示心理活动。

2．联结主义与大脑的神经生理

联结主义理论起源于人们对于大脑结构与工作方式的研究。大脑由大量的神经细胞构成（见图 2-3），目前人们对于大脑中神经细胞的数量还没有一个准确的数字，据 Murre 和 Sturdy（1995）的估计，大脑中神经细胞的数量应该为 $40×10^9$ 左右，其中有 1/5 的神经细胞位于大脑新皮层，这一部分被认为负责包括语言处理在内的各种认知活动。大脑皮层的一个细胞与其他细胞平均具有 4 000 个联结，那么在大脑新皮层部分就有 $3.3×10^{13}$ 个联结。

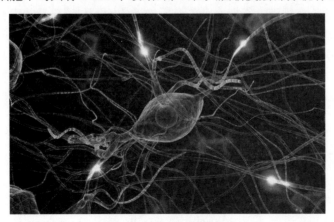

图 2-3　大脑神经细胞

这些神经细胞密切相连，构成一个复杂的网络系统。每一个神经细胞都可以被看作一个简单处理器。这些处理器收集输入的电化学脉冲，当输入的信号总量达到一定程度时，神经细胞就会产生行动电位（指神经脉冲的传递过程中在神经细胞表面发生的电位的暂时变化），并通过神经纤维把脉冲传递到神经轴突（为输出端）和神经纤维的分支上。另外，神经细胞之间似乎并不是相互交换符号信息的，而是通过由神经细胞的触发频率（firing rate）而产生的数值（numerical value）进行相互之间的联系，每个神经细胞都可以被看作一个处理器，它接受来自其他细胞的数字输入信号并转化为传递到其他神经细胞的数字输出信号。总体而言，神经细胞具有六个基本功能（Dudai，1989）：第一，输入功能，可以接受来自外部环境或者其他神经细胞的信号；第二，合成功能，可以对于接受的信号进行合成与加工；第三，传导功能，可以把合成的信息传递一定的距离；第四，输出功能，可以把信息传递给其他细胞；第五，计算功能，可以把一种信息映射转化为另一种信息；第六，表象功能，促进内部表象的形成。

联结主义认知模式的建立在许多方面体现了大脑的结构特点。联结主义认为，心理现象可以通过简单单元所构成的相互联结的网络结构来描述，而联结与节点形式可以根据实际情况而变化，而在描述语言处理过程时，节点可以是一个语言的基本单位（例如，词），而联结则是与之相关的因素（例如，语义相似性）。联结主义模型包含许多简单的处理单元或节点，它们可以传递一维信息，即激活。这些单元或节点不传递符号信息，只传递数值。每个节点都与许多其他节点相联结，节点相互之间同时协同进行信息处理的工作，并相互密切联结构成一个复杂的网络体系。节点之间联结的强度被称为权重（weight），权重值的大小可以通过学习（learning）进行调节。Rumelhart、Hinton 和 McClelland（1986）列举了并行分布处理（Parallel Distributed Processing，PDP）模型的八个基本特征：①一系列的处理单元；②激活状态；③每个单元的输出功能；④单元之间的联结模式；⑤通过网络联结的激活传播模式的传播规则。⑥把一个单元所接受的输入与该单元的现行状态相结合产生新的激活状态的激活规则；⑦通过经验调整联结模式的学习规则；⑧系统运行所处的环境。这八个特征可以很容易地与神经细胞的六个功能对应起来。处理单元就是细胞本身，激活状态和激活规则属于细胞输入和合成功能的一部分，输出功能与细胞的输出功能相对应，联结模式和传播规则与细胞的传导功能相对应，而学习规则与环境则与细胞的计算和表象功能相对应。

3. 联结主义与语言处理

在过去的 20 多年里，联结主义理论研究取得了丰硕的成果，并被广泛地运用于心理语言学及计算心理语言学之中。下面我们介绍三个著名的语言处理试验，它们都反映了联结主义的发展近况及其在语言处理中的应用。NETtalk 是由 Rosenberg 等（1987）按照联结主义网络模型设计的一套可以用来阅读英语文本的系统，也是一个联结主义学习规则成功运用的范例。Sejnnowski 和 Rosenberg 采用一个大的英语文本数据库对该系统进行训练，数据库中的英语文本及其相应的读音都用适合于语音合成器使用的代码进行编码。

在训练初期，系统发出的是无法识别的噪声，经过一定的训练之后，系统开始发出类似于婴儿的咿呀声，随着训练量的增加，系统的发音开始逐步接近英语读音，直至最后可以很好地朗读英语文本，即使是那些在训练数据库里所不包括的新的文本也可以进行朗读。另一个较有影响的试验是由 Rumelhart 和 McClelland（1986）所设计的一套用于预测英语动词的过去式形式的单向输入的网络系统。英语中的绝大多数动词的过去式都是由动词原型加上后缀-ed 构成，但是也有许多不规则的变化形式（例如，is/was，make/made 等），该系统的主要任务就是预测那些不规则动词的变化。Rumelhart 和 McClelland 首先使用大量的不规则动词，然后用 460 个动词（其中大多数为规则动词）对系统进行训练。经过 200 个循环的训练，系统很好地掌握了 460 个动词的过去式形式，而且能够很好地概括出动词过去式的变化规则。该系统甚至可以总结出不规则动词变化中的一些规律。在对系统进行训练的过程中，当所使用的训练材料中包含的规则动词较多时，系统就很容易把规则变化与不规则变化联合起来（例如，break/broke），这种过度概括的现象经过进一步的训练之后得以改进了。

尽管人们对于 Rumelhart 和 McClelland 的系统是否能够反映儿童语言习得过程中对于动词过去式变化的掌握情况争论很多（Pinker &Prince，1988），但是 Niklasson 和 Van Gelder（1994）仍然认为我们还是有可能通过联结主义模型来反映儿童语言习得过程的。Elman（1990）采用简单循环网络模型并训练它对于句子语法结构的识别能力。网络的训练采用 23 个简单的英语单词，并利用关系从句使它们构成各种长度和语法结构的句子，然后要求系统能够使得后面的动词与其主语相一致。例如，Any man that chases dogs that chase cats…runs。在上面的句子中，句子的主语是一个名词的单数形式 man，其后被许多词隔开，而且这些词中包含一些名词的复数形式，这都给系统造成了很大的困难，系统很可能会因为这些复数形式而选择 run。

联结主义认为智能是脑神经元构成的信息处理系统，认为大脑是由神经元构成的神经网络联结而成，而人类智能的实现过程就是通过神经网络中神经元之间的交互而实现的，所以智能是大脑神经元组成的信息处理系统。联结主义通过对神经网络模型的建立来实现对大脑的模拟，与符号主义不同，联结主义主张结构模拟，他们认为智能行为同功能与结构紧密相关。联结主义通过模拟人类神经系统的结构功能来实现对智能行为的模拟，认为相互连接的人工神经网络中，通过对传递规则、连接权重及阈值的设定进行运算形成认知的基础，动态变化的连接权重能够在不断训练中实现对情境认知效率的提高，这些正是"形而上学"式的符号主义所缺乏的。因此，与符号主义的"认知就是计算"的观点不同，联结主义认为人类的认知是脑神经元运动的经验结果。

近些年来，由于大数据技术的出现，通过深度学习等技术，联结主义对于知识结构的分析获得了较多成果。深度学习算法运用多层神经网络，以无监督学习的方式，通过对数据特征的逐层递归使得学习结果获得质的飞跃，可以视为对人类归纳推理能力的"再现"，这种自下而上的范式，更加容易实现实践领域上的应用价值。

在人工智能研究兴起阶段，联结主义与符号主义各自沿着自己的研究模式前进。由于联结主义排斥符号主义，引发了同符号主义关于认知架构的学理论争。20 世纪 60 年代，联结主义在与符号主义关于项目和资金的残酷竞争中失败，导致联结主义陷入困境。人工神经网络科学研究是联结主义研究的重要部分，但由于随着网络层数的增加，训练过程无法保证"收敛"，因而曾严重受挫。可喜的是，随着脑神经科学研究的进展，联结主义的研究也逐渐取得新的突破。直至 2016 年，深度学习技术瓶颈的突破，打破了深度网络难以收敛的局面。从此，深度学习迅猛发展，特别是号称"学习从零开始"的 AlphaGo Zero，在通过几天的自我博弈后，将曾击败李世石的 AlphaGo Lee（见图 2-4）打败，从而引发学界的震动。深度学习算法加上强大的计算能力，使得机器在一些领域拥有了超越人类平均水平的智能，从而引发了人们对于人工智能能否超越人类智能甚至最终取代人的激烈讨论。

图 2-4　AlphaGo Lee 与李世石

⊙ 2.2.3　行为主义

控制论把神经系统的工作原理与信息理论、控制理论、逻辑及计算机联系起来。早期的研究工作重点是模拟人在控制过程中的智能行为和作用，如对自寻优、自适应、自镇定、自组织和自学习等控制论系统的研究，并进行"控制论动物"的研制。到 20 世纪六七十年代，上述这些控制论系统的研究取得了一定进展，播下了智能控制和智能机器人的种子，并在 20 世纪 80 年代诞生了智能控制和智能机器人系统。行为主义是 20 世纪末才以人工智能新学派的面孔出现的，引起了许多人的兴趣。这一学派的代表作品首推布鲁克斯（Brooks）的六足行走机器人，它被看作新一代的"控制论动物"，是一个基于"感知—动作"模式模拟昆虫行为的控制系统。

行为主义认为，智能是通过感知外界环境做出相应的行为的。智能行为就是通过与环境进行交互，从而对感知结果做出相应反应。对外界信息的交互感知，是行为主义研究的一个重要方面。行为主义根据"感知—动作"型控制系统模拟人对行为的控制与实现，认为相同智能水平上的行为表现就是智能，而并不需要知识、表示与推理，所以对于认知活动，行为主义认为是对外界环境"感知—动作"的反应模式。行为主义主张行为模拟，认为只有在真实环境中的反复学习，才能够最终学会在复杂的未知环境中处理问题。

基于"感知—动作"型控制系统，行为主义利用感应器对外部情景进行信息感知，模拟生物体在该情景中所表现的反应，通过从感知到动作的映射规则，力图使智能体在相同情景下产生相似的经验行为。与联结主义一样，行为主义也认同功能结构同智能行为的密切关系。他们通过仿生学原理，模拟生物体结构制造出机器人，用其进行对生物体行为的模拟。由于行为主义的经验主义表现，在智能的实现过程中，不存在符号主义里无限的形式系统的尴尬，也不像联结主义那样需要对人体结构极度透彻的了解。它只需要智能体通过"感知—动作"型控制系统，以进化计算或强化学习的方法，通过对外部感知而做出的反应进行进化和学习，同时找寻合理的协调机制对智能体内部进行自我协调与主体间协调。其中，自我协调使主体内部每一个模块之间避免冲突，主体间协调通过多个主体之间进行交互，避免主体间发生死锁或活锁情况，如此即可使智能体的自适应行为逐步进化。与符号主义及联结主义相比，行为主义不再执着于"内省式"的沉思，而是在与外界交互过程中用具体行为去拥抱真实世界。

2.3　感知机和自适应线性元件

人脑是智能活动的物质基础，是由上亿个神经元组成的复杂系统。结构模拟是从单个神经元入手的，先用电子元件制成神经元模型，然后把神经元模型连接成神经网络，以完成某种功能，模拟人的某些智能。

2.3.1　感知机

感知机是二分类的线性分类模型，输入为实例的特征向量，输出为实例的类别（取+1和-1）。感知机对应于输入空间中将实例划分为两类的分离超平面。感知机旨在求出该超平面，为求得超平面导入了基于误分类的损失函数，利用梯度下降法对损失函数进行最优化。感知机的学习算法具有简单且易于实现的优点，分为原始形式和对偶形式。感知机预测是用学习得到的感知机模型对新的实例进行的，因此属于判别模型。感知机是一种线性分类模型，只适应于线性可分的数据模型训练，对于线性不可分的数据模型训练是不起作用的。

在生物神经元（见图 2-5）中，经由树突接收到神经元的大部分输入信号。其他神经元与这些树突形成约 1 000～10 000 个连接。来自连接的信号称为突触，通过树突传播到细胞体内。细胞体内的电位增加，一旦达到阈值，神经元就会沿着轴突发出一个尖峰，该轴突通过轴突末端连接到大约 100 个其他神经元。

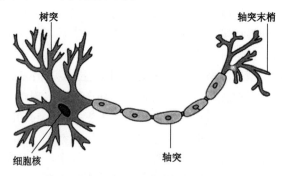

图 2-5　生物神经元图示

感知器是真实神经元的简化模型，它尝试通过以下过程来模仿它：接收输入信号，将它们称为 x_1，x_2，…，x_n，计算这些输入的加权和 z，然后将其传递给阈值函数 ϕ 并输出结果。

如图 2-6 所示，具有两个输入的感知器的决策边界是一条直线。如果有三个输入，则决策边界为二维平面。一般来说，如果我们有 n 个输入，决策边界将是一个称为 n-1 维的超平面，该超平面将我们的 n 维特征空间分成两部分：一部分是将点分类为正的，另一部分是将点分类为负的（按照惯例，我们将认为恰好在决策边界上的点是负的）。因此，感知器是一个二元分类器，其权值是线性的。

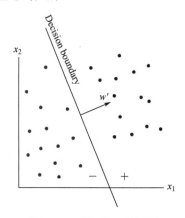

图 2-6　感知机二维图示

⊙ 2.3.2　自适应线性元件

电阻是最普遍的线性元件范例，常见的线性元件还有电容和电感。线性元件是指输出量和输入量具有正比关系的元件。例如，在温度不变的情况下，金属电阻元件的两端电压同电流的关系就可以认为是线性的。金属导体、电解液也都具有这一特性。电子元器件具有这种关系的有很多。质量差的元器件在一定情况下会出现"线性失真"，出现这样的情况时，输入量就和输出量就不再满足线性关系了。

2.4 LISP 语言

LISP（List Processing 的缩写）语言是一种早期开发的、具有重大意义的自由软件项目。它适用于符号处理、自动推理、硬件描述和超大规模集成电路设计等，特点是使用表结构来表达非数值计算问题，实现技术简单。LISP 语言已成为最有影响力，并且使用十分广泛的人工智能语言。

② 2.4.1 LISP 语言的发展史

1960 年 4 月，McCarthy 以"递回函数的符号表达式以及由机器运算的方式（第一部）"为题，于《ACM 通讯》上发表 LISP 设置。McCarthy 的学生 Steve Russell 根据该论文，以 IBM 704 于麻省理工学院的计算机运算文中心成功执行了第一版 LISP。

1962 年，McCarthy 及人工智能小组在 LISP 1 的编译基础上改良出 LISP 1.5 版本。

1969 年 9 月，斯坦福大学人工智能实验室的 Lynn Quam 与 Whitfield Diffie 推出的 Stanford LISP 1.6 广泛地应用于使用 TOPS-10 系统的 PDP-10 计算机中。Stanford LISP 1.6 版本自麻省理工学院人工智能小组更新 LISP 1.5 为 MACLISP，以及 BBN 科技公司成功推出 InterLisp 后，逐渐被弃置。

自 20 世纪 60 年代末至 80 年代初，各种 LISP 的更新版本相继涌现，有源自加利福尼亚大学伯克利分校的 Franz LISP、在 AutoCAD 运行的 AutoLISP 的前身——XLISP、犹他大学开展的 Standard LISP 及 Portable Standard LISP、专属于 LISP 机器上运行的 ZetaLisp、源自法国国家信息与自动化研究所的 LeLisp，以及 MIT 人工智能实验室的 Gerald Sussman 与 Guy Steele 所的 Scheme 等。

1994 年，美国国家标准学会（ANSI）对 Common LISP 语言进行了标准化。

自稳定运行的 Common LISP 出现起，各机构就按各自所需而开展后续 LISP，包括 1990 年来自欧洲用户的 EuLisp 及自由开源的 IsLisp、ACL2 等。

② 2.4.2 LISP 语言的数据结构

在 LISP 语言中，数据和函数都是采用符号表达式定义的，这种符号表达式称为 S-表达式，它是原子和表的总称。原子分为符号原子和数原子。符号原子是指有限个大写字母和数字组成的字符串，其中第一个符号必须是字母。原子 NIL 和 T 分别表示逻辑假（或空表）和逻辑真。数原子是指一串数字，通过符号表示其正负。LISP 语言有以下五大特点。

1. 函数型

函数型语言的基本特点是用函数定义和函数调用构成程序。程序员用函数定义和函数调用组成的表达式来描述求解问题的算法，表达式的值就是问题的解。用 FORTRAN、PASCAL 和 C 等传统程序设计语言编写的程序是按一定顺序执行的命令序列，执行结果就是问题的解。用这些语言编程时，程序员要规定求解的顺序，即要描述控制流。而用 LISP 语言编程只需要确定函数之间的调用，把函数执行的细节交给 LISP 系统来解决。因此，LISP 语言是更加面向用户的语言。

传统的程序设计语言是适应冯·诺依曼型计算机系统结构而发展起来的，LISP 在冯·诺依曼型计算机上运行的效率要低一些。计算机系统结构的发展，使得函数型语言有着广阔的前景。为了适应当前微型机发展水平和程序员使用传统语言编程的习惯，LISP 语言增加了许多非函数型的语言成分，如 prog、go 等函数。因此，LISP 已不是纯函数型语言，它既具有函数语言的功能，又具有传统语言的功能。

2. 递归性

递归函数是指在函数的定义中调用了这个函数本身，所有的可计算函数已被证明都可以用递归函数的形式来定义。

由于 LISP 的主要数据结构是表，而且表是用递归方法定义的，即表中的一个元素也可以定义为一个表，因此，程序员用 LISP 提供的自定义函数来定义用户自己的函数时，可以用递归函数的形式来定义自己的函数。自定义的递归函数能够很方便地对递归定义的表进行操作。递归定义的方法使程序简明、优美，程序员应充分利用递归程序设计方法。

3. 数据与程序的一致性

LISP 的一段程序是用户的一个自定义函数，这个函数可被其他函数调用，或者说，一段程序可被其他程序调用。函数执行后的输出数据称为这个函数的返回值。一个函数被其他函数调用，就是调用了这个函数的返回值。在 LISP 中，函数与这个函数的返回值是一致的。这一特点使得 LISP 的编程就是定义一个宏函数，也使得 LISP 语言的扩充比较容易。可以根据应用领域的需要，使用 LISP 提供的基本函数扩充若干面向专门应用领域的宏函数。

4. 自动进行存储分配

用 LISP 语言编程时，程序员完全可以不考虑存储分配问题。程序中定义的函数、数据和表等都能在程序运行时，由 LISP 自动提供。对不再需要的数据，LISP 自动释放其占用的存储区。

5. 语法简单

LISP 的语法极其简单,对变量和数据不需要事先定义和说明类型。LISP 语言的基本语法就是函数定义和函数调用。因此,LISP 语言的程序便于修改、调试和纠错,可以边实验边设计,通过不断修改和增加用户自定义函数来构成复杂的系统。

LISP 语言不仅在专家系统和 CAD 领域有广泛的应用,在符号代数、定理证明、机器人规划等领域也有广泛的应用。影响 LISP 语言使用的主要原因有:一是 LISP 是非可视化语言;二是 LISP 在通用计算机上的运行效率较低;三是 LISP 的数值计算能力较差;四是人们对函数型语言的编程风格不习惯。

⊛ 2.4.3 LISP 语言常见版本

LISP 语言版本很多,常用的有如下几种。

1. MACLISP 语言

MACLISP 语言于 1971 年由 MIT 人工智能实验室开发,它比较注重效率、地址空间的保护和构造工具的灵活性。

2. INTERLISP 语言

INTERLISP 语言于 1978 年由 DEC 和 XEROX 公司开发,它强调即使在速度和存贮空间方面有所损失,也要尽可能地提供最好的程序环境。

3. ZETALISP 语言

ZETALISP 语言在 LISP 机上实现。它和 MACLISP 关系密切,有很好的兼容性,并且对 MACLISP 进行了很多改进,提供了新的性能。

4. QLISP 语言

QLISP 语言嵌在 INTERLISP 中,能灵活处理大型数据库,具有返回追踪与模式调用功能。

5. CommonLISP 语言

CommonLISP 语言是在 MACLISP 的基础上发展起来的,并参考了 INTERLISP 和 ZETALISP,因而功能较强且拥有其他版本的一些优点,已被广泛使用。

6. GCLISP 语言

GCLISP 语言作为 CommonLISP 在 PC 上实现的第一个缩本，自然具有 CommonLISP 的通用性特点，其程序很容易移植到其他版本的 LISP 环境中。GCLISP 和 CommonLISP 核心部分兼容，与 ZETALISP 的某些概念相吻合，此外还拥有若干先进的数据类型，它着眼于让机器有较强的处理能力和记忆功能，因而效率较高，用户易于掌握，使用比较广泛。

2.5　人工智能的发展瓶颈

提到人工智能，人们通常会想到科幻电影中无所不能的机器人，以及第一个击败人类职业围棋选手的 AlphaGo，这些看起来似乎离我们的日常生活非常遥远。2020 年 4 月，国家发改委首次明确了新基建所包含的三个方面：信息基础设施、融合基础设施和创新基础设施，人工智能作为新型信息基础设施的代表，再次走入人们的视野。

人工智能是计算机科学的一个分支。它是一门新的技术科学，研究和开发用于模拟、扩展人类智能的理论、方法、技术和应用系统。它试图理解智能的本质，并制造出一种新的智能机器，这种机器能以类似于人类智能的方式做出反应。该领域的研究包括机器人、语言识别、图像识别、自然语言处理和专家系统。人工智能这一概念从 1956 年正式提出至今，其定义不断完善，开发方式日渐丰富，但也遇到了诸多限制瓶颈。

⊙ 2.5.1　对大脑的认知有限

目前，类脑智能研发的核心难点是我们对人脑的结构和功能原理的了解还很不够。人的大脑皮层中有数百亿个神经元，每个神经元由几个到数万个分支组成，形成一个大而精细的神经网络。这个网络的电路图非常复杂，有许多不同类型的神经元和突触联结。用现有的技术真正绘制出完整的电路图需要做大量的工作。生物学领域上对人类大脑认知的局限也就使"仿制人脑""复制人类生命体"此类想法很难实现。

⊙ 2.5.2　大脑和躯体的配合难以实现

诸如走钢丝（见图 2-7）、骑自行车此类的人类活动，是人类通过大量练习以形成肌肉记忆，学习出的一种大脑和躯体的配合方式。

人类通过视觉、思考、行走和交流在大脑综合后都会变成自然行为，这些人类活动是很难用某一公式计算出的内容，因而成为该方面人工智能发展的障碍。

图 2-7　走钢丝

⊙ 2.5.3　智能识别的应用瓶颈

20 世纪末，以密码、密钥等安全识别技术为主的信息、数据安全保障手段被广泛运用于各行各业、各个领域之中。然而，由于其具备一定的易复制性、丢失性、不稳定性，所以在一定程度上严重制约和影响了信息安全技术的发展。计算机人工智能识别技术基于计算机技术之上，通过对信息数据进行采集、识别和录入，能够为人们提供便捷的操作方法。然而，我国计算机人工智能识别技术发展应用时间较短，尽管取得了一系列显著成效，应用范围不断扩大，但是其依然面临巨大的应用瓶颈问题。

1. 语音人工智能识别技术应用瓶颈

语音人工智能识别技术（见图 2-8）旨在让机器能够读懂和识别出人类语言，并按照人类的指令进行一系列操作。

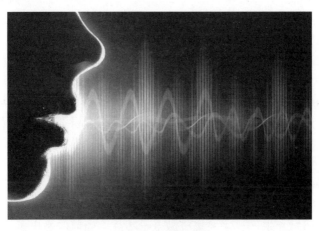

图 2-8　语音识别

    语音人工智能识别技术作为计算机人工智能识别技术的一项核心技术，长期以来，深受国内外学术界的高度重视。与此同时，语音人工智能识别技术被广泛应用于各行各业、各个领域，其技术和产品优势十分鲜明，在语音电话、语音通信、语音交互等方面取得显著应用成效。21 世纪以来，随着计算机人工智能识别类产品类型的不断增多，语音人工智能识别技术得到快速发展，以语音识别技术为载体的芯片数量日渐增多。然而，语音人工智能识别技术的发展时间较短，依然存在应用瓶颈问题，具体表现在以下三个方面。

    1）语音识别技术有待提升

    语音识别技术在实际应用过程中，必须尽可能排除外界环境的干扰，如外部其他噪声，唯有此，才能准确识别音色、音调、音质。尽管语音识别技术基本上实现了智能化，但是以目前的技术来讲，仍无法在外部噪声的干扰下准确识别语音。如此一来，从一定程度上影响了语音识别技术的发展。因此，要想确保语音识别技术能够在外部噪声影响的情况下实现准确识别，必须采取特殊抗噪声麦克风，这对于普通用户来讲，基本上达不到该项要求。与此同时，用户在日常谈吐过程中较为随意，具有明显的地方特色，加之语速、频率等控制影响较大，以及普通话不标准等问题，直接影响到语音识别设备对音色、音调、音质等的准确识别。除此之外，人类的语言受到年龄、情绪、身体素质等的影响，其音色、音调、音质随着自身及外部环境的变化而改变，直接给语音识别造成影响。因此，当前的语音识别技术的可靠性有待提升。

    2）语音识别系统不健全，词汇量较少

    目前，我国计算机人工语音识别系统词汇量较少，在实际运行过程中，并不能识别到所有的音色、音调和音质。倘若语音模型有一定的限制，词汇中出现一些难以识别的方言、外语，那么语音识别系统将无法在较短的时间内准确识别出语音，甚至会出现识别错误、不准等情况。基于此，随着语音识别技术的不断发展，其应用范围的进一步扩大，需要增加其词汇量，尽可能准确、快速地识别出更多的语音，而建模方法、搜索算法的逐步变革，使得语音识别系统不能实现智能化识别，仅能够识别出基础的音色、音调和音质，对于其系统、深入、全面应用来讲，依然存在较多的瓶颈问题。

    3）应用成本较高、体积较大

    目前，我国计算机人工智能识别技术的应用范围不断扩大，应用领域不断增多，特别是语音识别技术的应用成效十分显著。然而，语音识别技术的应用成本依然很高，使得普通用户基本无法接受。就目前的发展情况来看，降低语音识别技术的应用成本似乎难度很大。对性能、功能要求较高的语音识别基本上无法实现，当前的条件并不成熟，无法实现规模化、系统化和全面化，仅能够准确识别要求标准较低的语音。而受到成本因素的制约，使得语音识别设备的研发和生产过程受到严重影响。与此同时，语音识别技术体积较大，占用较多的空间资源，巨型化向微型化发展是语音识别技术未来发展的主要趋势。而微型化语音识别设备的研发和生产，需要集成微电子芯片，当前的微电子芯片与语音识别技术关联并不密切，在实际操作过程中，微型化语音识别技术无法在降低成本的同时得以实现，从一定程度上直接阻碍了语音识别技术的广泛推广和应用普及。

2．视觉人工智能识别技术应用瓶颈

视觉人工智能识别技术与语音人工智能识别技术相同，均作为计算机人工智能识别技术的重要组成部分。然而，视觉人工智能识别技术面临的应用瓶颈问题更为严重，可以通过进行相关信息数据的采集、传输、识别和处理，进而达到人工智能化的目的。

1）人脸识别技术应用瓶颈

人脸识别技术（见图 2-9）主要通过对人脸结构、瞳孔等关键部位进行准确识别和有效判断。尽管人脸识别技术非常方便，便于人们进行身份的认证，但是在实际应用过程中，依然面临以下几个方面的瓶颈问题：一是由于人们的脸部表情各不相同，即使同一人，其面部表情也随情绪、外部环境的变化而改变，数据库中的人脸表情数据十分有限，从而影响到人脸识别效果；二是人脸结构、轮廓均会跟随外部环境、个人情绪、年龄等发生改变，从而造成识别效果并不明显；三是受到外部环境，诸如光线之类的因素影响，人脸识别同样面临不确定性因素；四是人脸具有一定的雷同性，这就难免造成人脸识别设备的误判、误识。

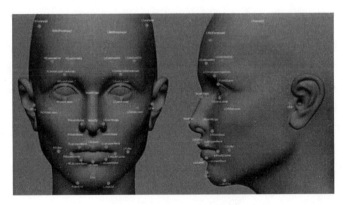

图 2-9 人脸识别示意图

现阶段，人脸人工智能识别技术在我国相关领域已经取得一系列显著成效，但是在实际应用过程中，依然面临较大的瓶颈问题，如脸部表情、脸部轮廓、脸部结构、发型、化妆、外部光线等的不同，都将给人脸识别带来巨大的挑战和识别压力。国内外学术界专业学者经过几十年的研究和探索，从各个学科层面出发，对人脸智能识别技术展开了大量研究，但是依然有一些难以彻底解决的难题。就人类自身而言，在日常的生活交际过程中，对人们的面孔识别也难免会出现差错，而人脸智能识别技术跟人脑相比，依然有一定差距，其人脸识别过程更为困难，特别是精准度方面难以有效掌控，这将是制约和影响其发展的

一大瓶颈。

2）指纹识别技术应用瓶颈

每个人的指纹是独一无二的，也就是说，世界上任何一个人的指纹与其他人均不相同。基于此，指纹识别（见图 2-10）技术应运而生，成为一种有效识别身份信息的高科技技术。指纹识别技术通过对人指纹的断点、纹路、交叉点等进行准确识别，从而识别出人的独一无二的身份，有利于个人身份及其他私人信息的保护。

图 2-10　指纹识别

然而，看似非常严密的指纹识别，却面临指纹被非法采集的问题，倘若一个人将指纹信息泄露出去，或者被他人所利用，那么其自身信息将容易被暴露、被利用，如此一来，将会面临巨大的风险隐患。与此同时，尽管指纹识别系统采取非常先进的计算机人工智能识别技术，但是在实际应用过程中，某些人的指纹信息较为模糊，基本上无法看清纹路等，这也将无法进行指纹的准确识别。例如，目前国内外大型公司所配置的签到打卡机，便是一种典型的指纹识别装置，便于公司掌握员工出勤情况，但是如果员工指纹损伤，那么将基本上不能被识别。由此可见，指纹识别技术在实际应用过程中，面临着一系列瓶颈问题。

┌ 知识回顾 ●

人工智能从 1956 年发展至今，取得了许多可喜的成就，但也遇到了困难。早期的人工智能研究者大多属于符号主义，但随着认知科学研究的不断发展，符号处理模式的局限性也逐渐暴露出来。从 20 世纪 80 年代开始，人们又开始把目光转向联结主义模式。20 世纪 80 年代诞生的智能控制和智能机器人系统促使了 20 世纪末行为主义学派的出现。

LISP 语言特点是使用表结构来表达非数值计算问题，实现技术简单。迄今为止，LISP 语言已成为最有影响力、使用十分广泛的人工智能语言。

目前，人工智能发展迅速，但也有着一些障碍成为制约其发展的瓶颈，总的来说，有以下几类。第一，对大脑的认知有限，类脑智能研发的核心难点是我们对大脑的结构和功能原理的了解还很不够。第二，大脑和躯体的配合难以实现，一些人类活动是很难用某一公式计算出的内容，因而成为该方面人工智能发展的障碍。第三，智能识别的应用瓶颈，计算机人工智能识别技术基于计算机技术之上，我国计算机人工智能识别技术发展应用时间较短，在这方面仍然是一个短板。

任务习题

简答题

1. 达特茅斯会议在哪一年举行？

2. 人工智能研究的任务是什么？

3. 人工智能的流派分为哪三大主义？

4. 符号主义从 1926 年到 1956 年间逐渐衰落的原因是什么？

5. 为了适应当前微型机发展水平和程序员使用传统语言编程的习惯，LISP 语言增加了许多非函数型的语言成分，请举出几个增加的例子。

6. 语音人工智能识别技术应用瓶颈分为哪几个方面？

7. 请列举人脸识别技术应用的瓶颈。

第 3 章

人工智能的复苏

内容梗概

人工智能经过低谷后，在近些年随着深度学习的出现再次火热起来。本章我们将学习专家系统、神经网络的发展、第五代计算机的研发、个人计算机的流行和机器学习的繁荣，了解学习人工智能的发展情况。

学习重点

1. 了解专家系统的功能。
2. 了解 BP 算法。
3. 了解霍普菲尔德神经网络。
4. 了解自编码器。
5. 了解玻尔兹曼机。
6. 了解机器学习算法。

任务点

3.1 专家系统
3.2 神经网络的发展
3.3 第五代计算机的研发
3.4 个人计算机的流行
3.5 机器学习的繁荣
知识回顾
任务习题

3.1　专家系统

你是否在解决一些问题时并没有完全依靠逻辑推理，而是常常使用"半逻辑"的方式，也就是使用一些不精确和不确定的经验规则。据此，人们设想能不能通过给机器输入知识然后模仿人类来解决问题，这就是专家系统的诞生过程。

专家系统对于人类多个领域起到了非常重要的作用，地位举足轻重。要想学习人工智能，我们得先从这一逻辑学之根本开始探究。

⊚ 3.1.1　专家系统简介

知识表示是人工智能分支中一个不温不火的领域，其最大的催生者就是专家系统与自然语言理解。使用人工智能帮助人类工作一直是人们的愿望，当我们在解决不了解的领域的问题时，会想到寻找掌握该领域知识的人来提供解决方法，而掌握着该领域知识的人会通过自身所拥有的知识对问题进行分析，通过自己累积的经验提出解决方法。一般来说，实验科学与理论科学相比是相对原始的，原始的经验转换为规则也是相对容易的，那么我们是否可以通过这种"半逻辑"的方式，把知识提炼为规则，让计算机对该类问题像专家一样提出解决方法。专家系统是能像某一领域专家那样向用户提供解决问题的办法的计算机应用系统。专家系统属于人工智能的一个分支，利用人们"半逻辑"的方式去实现模仿人类专家解决问题，大大提高了人类在许多领域的工作效率。

专家系统由人机交互界面、知识库、推理机、解释器、综合数据库、知识获取六个部分构成。专家系统的具体构成如图 3-1 所示。

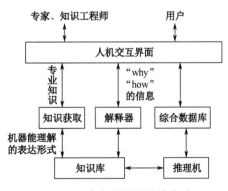

图 3-1　专家系统的具体构成

1．人机交互界面

人机交互界面是指人与计算机系统之间的通信媒体或手段，是人与计算机之间进行各种符号和动作的双向信息交换的平台。

2．知识库

知识库是问题求解所需要的领域知识的集合，包括基本事实、规则和其他有关信息。

3．推理机

推理机是实施问题求解的核心执行机构，它实际上是对知识进行解释的程序，根据知识的语义，对按一定策略找到的知识进行解释执行，并把结果记录到动态库的适当空间中。

4．解释器

解释器用于对求解过程做出说明，并回答用户的提问。

5．综合数据库

综合数据库也称为动态库或工作存储器，是反映当前问题求解状态的集合，用于存放系统运行过程中所产生的信息，以及所需要的原始数据，包括用户输入的信息、推理的中间结果、推理过程的记录等。综合数据库中有各种事实、命题和关系组成的状态，既是推理机选用知识的依据，也是解释机制获得推理路径的来源。

6．知识获取

知识获取负责建立、修改和扩充知识库，是专家系统中把问题求解的各种专门知识从人类专家的头脑中或其他知识源那里转换到知识库中的一个重要机构。知识获取可以采用手工方式，也可以采用半自动知识获取方式或自动知识获取方式。

⊙ 3.1.2 专家系统的发展

专家系统是人工智能的一个分支，产生于 20 世纪 60 年代中期，DENDRAL 专家系统的出现标志着专家系统的诞生。虽然它只有不到 60 年的历史，但其发展速度相当惊人，它的应用几乎已渗透到自然界的各个领域。它同自然语言理解、机器人学并列为人工智能的三大研究方向，并且是人工智能中最活跃的分支。专家系统的发展经历了初创期、成熟期、发展期三个时期。

1．初创期

费根鲍姆、李德伯格、翟若适三人开发了第一代专家系统——DENDRAL。此系统注重系统的性能，但是在系统的透明性、灵活性等方面存在问题。

2．成熟期（1972—1977）

20 世纪 70 年代，专家系统趋于成熟，专家系统的观点也开始广泛地被人们接受。20 世纪 70 年代中后期先后出现了 MYCIN、HEARSAY、PROSPECTOR 等一批卓有成效的专家系统。其中，斯坦福大学开发的 MYCIN 血液感染病诊断专家系统是国际上公认的最有影响力的专家系统，它第一次使用了专家系统的知识库概念，并在系统中使用了似然推理技术模拟人类的启发式问题求解方法。对专家系统的理论和实践都有很大的贡献。另外，20 世纪 70 年代出现的元知识概念、产生式系统、框架和语义网络知识表达方式也被广泛地应用到了以后的专家系统中，知识工程概念的提出，宣告了专家系统走向成熟。

3．发展期（1978 至今）

在 20 世纪 70 年代末，人工智能专家开始认识到一个事实：一个程序的求解问题的能力，不取决于它所应用的形式化体系和推理模式，而取决于它所具有的处理知识的能力。从而产生了一个研究思路上的突破。要使一个程序有智能，必须向它提供大量有关领域的高质量的专门知识。这种认识上的突破确立了专家系统的地位，为人工智能的研究开辟了一个新的研究方向。20 世纪 80 年代，专家系统进入新阶段，数量的大大增多与应用领域拓宽表明专家系统的研究走出大学和研究机关而广泛地进入产业界。20 世纪 90 年代后期，专家系统的研究方向为知识工程、模糊技术、实时操作技术、神经网络技术、数据库技术等相结合的专家系统，即如今的专家系统模式。例如，基于模糊逻辑的青少年特发性脊柱侧弯矫形器设计专家系统，基于模糊理论的卡表交互故障诊断专家系统设计，基于自然语言分析及专家系统的智能调度操作票系统。

⊳ 3.1.3 专家系统的主要功能

计算机的智能化、人工智能的研究与应用有力地推动了现代科学技术的进步与社会生产的发展，其中，专家系统是人工智能目前最有效、发展最快的分支。其较高的性能和实用性引起了世界各国的重视。不少专家系统的性能已达到甚至超过了人类专家的水平，其应用也产生巨大的经济效益。

专家系统的主要功能有以下六项内容。

（1）存储问题求解所需的知识。

（2）存储具体问题求解的初始数据和推理过程中涉及的各种信息，如中间结果、目标、字母表及假设等。

（3）根据当前输入的数据，利用已有的知识，按照一定的推理策略去解决当前问题，并能控制和协调整个系统。

（4）能够对推理过程、结论或系统自身行为做出必要的解释，如解题步骤、处理策略、选择处理方法的理由、系统求解某种问题的能力、系统如何组织和管理其自身知识等。这样既便于用户的理解和接受，也便于系统的维护。

（5）提供知识获取，机器学习及知识库的修改、扩充和完善等维护手段。只有这样才能更有效地提高系统的问题求解能力及其准确性。

（6）提供一种用户接口，既便于用户使用，又便于分析和理解用户的各种要求和请求。这里强调指出，存放知识和运用知识进行问题求解是专家系统的两个最基本的功能。

专家系统是目前人工智能应用最为广泛的分支，是人们最为普遍使用的人工智能方式之一，了解和学习专家系统是一个非常好的学习人工智能基础与应用的方式。

3.2 神经网络的发展

如何实现人工智能，是人们研究的目标，人类用大脑思考问题的过程，让人工智能发展出以模仿人类大脑中的神经元，构成人类神经网络的方式来实现智能，这就是人工智能神经网络。

人工智能神经网络是从信息处理的角度对人类的神经网络的模拟，建立简单的模型，用不同的链接方式组成不同的网络，是人工智能非常热门的一个研究热点。神经网络是一种运算模型，由大量的节点（或称神经元）相互连接构成。

⊙ 3.2.1 前馈神经网络

前馈神经网络（Feedforward Neural Network，FNN），简称前馈网络，是人工神经网络的一种。前馈神经网络采用一种单向多层结构，其中每一层都包含若干个神经元。在此种神经网络中，各神经元可以接收前一层神经元的信号，并产生输出到下一层。第 0 层叫输入层，最后一层叫输出层，其他中间层叫隐含层（或隐藏层、隐层）。隐含层可以是一层，也可以是多层。整个网络中无反馈，信号从输入层向输出层单向传播，可用一个有向无环图表示，如图 3-2 所示。

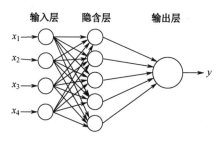

图 3-2 前馈神经网络图

前馈神经网络结构简单，应用广泛，能够以任意精度逼近任意连续函数及平方可积函数，还可以精确实现任意有限训练样本集。从系统的观点看，前馈网络是一种静态非线性映射，通过简单非线性处理单元的复合映射，可获得复杂的非线性处理能力。从计算的观点看，前馈网络缺乏丰富的动力学行为。大部分前馈网络都是学习网络，其分类能力和模式识别能力一般都强于反馈网络。

1. 感知器

感知器（又叫感知机）（见图 3-3）是最简单的前馈网络，它主要用于模式分类，也可用在基于模式分类的学习控制和多模态控制中。感知器网络可分为单层感知器网络和多层感知器网络。

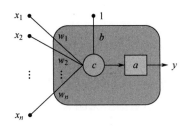

图 3-3　感知器模型图

图 3-3 中，x_1，x_2，$\cdots$，x_n 是输入的数据；W_1，W_2，$\cdots$，W_n 是权重；b 是偏差项；c 是组合函数；a 是激活函数；y 是输出结果。

2. 常见的前馈神经网络

1）BP 网络

BP 网络是指连接权调整采用了反向传播（Back Propagation，其流程图见图 3-4）学习算法的前馈网络。与感知器的不同之处在于，BP 网络的神经元变换函数采用了 S 形函数（Sigmoid 函数，见图 3-5），因此输出量是 0～1 的连续量，可实现从输入到输出的任意的非线性映射。

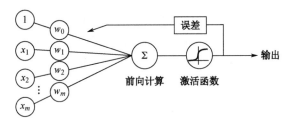

图 3-4　BP 神经网络流程图

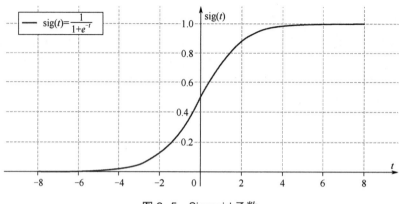

图 3-5 Sigmoid 函数

2）RBF 网络

RBF 网络是指隐含层神经元中，由 RBF 神经元组成的前馈网络。RBF 神经元是指神经元的变换函数为 RBF（Radial Basis Function，径向基函数）的神经元。典型的 RBF 网络由三层组成：一个输入层，一个或多个由 RBF 神经元组成的 RBF 层（隐含层），一个由线性神经元组成的输出层。RBF 网络示意图参见图 3-6。

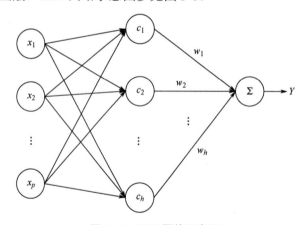

图 3-6 RBF 网络示意图

前馈神经网络的缺点有：我们并不清楚在进行神经网络的训练时是怎么得出结果的。比如，我们给神经网络一张苹果的图片，它得出结果为飞机，我们也并不清楚问题出在哪里。我们训练一个神经网络常常花费长达数周的时间才能训练完成，如果让一位高级工程师花费数周时间去解决一个问题，工程师可能仅换一个方法使用一天就可以解决问题。这是值得我们思考的。

⊙ 3.2.2　BP 算法

BP 算法（Error Back Propagation）多层前向 BP 网络是目前应用最多的一种神经网络形式，它具备神经网络的普遍优点，但它也不是非常完美的，存在收敛速度慢等问题。

BP 算法（见图 3-7）由信号的正向传播和误差的反向传播两个过程组成。正向传播时，输入样本从输入层进入网络，经隐含层逐层传递至输出层，如果输出层的实际输出与期望输出不同，则转至误差反向传播；如果输出层的实际输出与期望输出相同，则结束学习算法。反向传播时，将输出误差（期望输出与实际输出之差）按原通路反传计算，通过隐含层反向，直至输入层，在反传过程中将误差分摊给各层的各个单元，获得各层各单元的误差信号，并将其作为修正各单元权值的根据。这一计算过程使用梯度下降法完成，在不停地调整各层神经元的权重和阈值后，使误差信号减小到最低限度。权值和阈值不断调整的过程，就是网络的学习与训练的过程，经过信号正向传播与误差反向传播，权值和阈值的调整反复进行，一直进行到预先设定的学习训练次数，或输出误差减小到允许的程度。

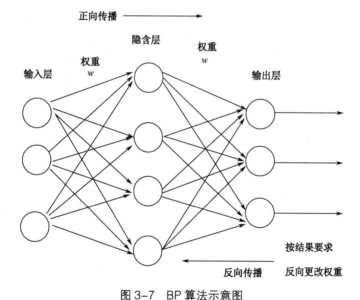

图 3-7　BP 算法示意图

BP 算法最早由 Werbos 于 1974 年提出，1985 年 Rumelhart 等人发展了该理论。BP 网络采用有指导的学习方式，其学习包括以下四个过程。

（1）组成输入模式由输入层经过隐含层向输出层的"模式顺传播"过程。

（2）网络的期望输出与实际输出之差的误差信号由输出层经过隐含层逐层休整连接权的"误差逆传播"过程。

（3）由"模式顺传播"与"误差逆传播"反复进行的网络"记忆训练"过程。

（4）网络趋向收敛，即网络的总体误差趋向极小值的"学习收敛"过程。

　　BP 算法在训练阶段，训练实例重复通过网络，同时修正各个权值，改变连接权值的目的是最小化训练集误差率。继续网络训练直到满足一个特定条件为止，终止条件可以是网络收敛到最小的误差总数，可以是一个特定的时间标准，也可以是最大重复次数。

　　我们可以用一个简单的案例加深对 BP 神经网络的理解。一个男生想要追求一个女生，男生通过女生的好友等了解到这个女生比较喜欢高一点的和帅气的男生，男生便创建了一个简单的神经网络，如图 3-8 所示。

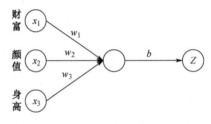

图 3-8　案例示意图

　　我们知道，在追求中向异性表白无非有两个结果，一是成功，二是失败，所以就可以用 1 和 0 来分别表示成功与失败。假设这个女生比较看重财富、颜值、身高三类，我们根据该女生对这三类因素的重视程度而使用简单神经网络来预测男生的追求是否成功。如果这个女生对外表较为看重，那么一个高大帅气的形象肯定更符合她的期望，但是如果这个女生转变想法了，觉得外表没有那么重要了，那么显然财富就更符合她的期望。我们可以用公式表示这个预测结果。我们假设 Z 大于 0 则表示追求成功，Z 小于 0 则表示追求失败。设置阈值为-10。对三个特征进行设置（x_1，x_2，x_3）是（0，1，1）。x_2，x_3 为 1，表示很帅，又设置三个权重（2，7，7）表示这个女生喜欢帅的。那么就有 $Z=(x_1*w_1+x_2*w_2+x_3*w_3)+b=4$。预测结果 4 大于 0，表示女生会接受表白。如果追求者长得不帅，那么我们预测该女生不会接受，同样我们可以使用公式来表达。设三个特征（x_1，x_2，x_3）是（1，0，0），表示不帅，就有 $Z=(x_1*w_1+x_2*w_2+x_3*w_3)+b=-8$。预测结果-8 小于 0，所以我们预测女生不会接受。

　　虽然 BP 算法拥有神经网络的普遍优势，并且原理简单易于理解，但是它仍存在以下不足。

　　（1）训练时间较长。由于 BP 算法本质上为梯度下降法，而它所要优化的目标函数又非常复杂，因此，必然会出现"锯齿形现象"，这使得 BP 算法变得低效；存在麻痹现象，由于优化的目标函数很复杂，它必然会在神经元输出接近 0 或 1 的情况下，出现一些平坦区，在这些区域内，权值误差改变很小，使训练过程几乎停顿；为了使网络执行 BP 算法，不能用传统的一维搜索法求每次迭代的步长，而必须把步长的更新规则预先赋予网络，这种方法将导致算法变得低效。

　　（2）完全不能训练。训练时由于权值调整过大，使激活函数达到饱和，从而使网络权值的调节几乎停滞。

（3）易陷入局部极小值。BP 算法可以使网络权值收敛到一个最终解，但它并不能保证所求为误差超平面的全局最优解，也可能是一个局部极小值。这主要是因为 BP 算法所采用的是梯度下降法，训练是从某一起始点开始沿误差函数的斜面逐渐达到误差的最小值，故不同的起始点可能导致不同的极小值产生，即得到不同的最优解。如果训练结果未达到预定精度，则多采用多层网络和较多的神经元，以使训练结果的精度进一步提高，但与此同时也增加了网络的复杂性与训练时间。

（4）"喜新厌旧"。训练过程中，学习新样本时有遗忘旧样本的趋势。

◉ 3.2.3 霍普菲尔德神经网络

霍普菲尔德神经网络是由美国生物物理学家约翰·霍普菲尔德及其同事通过物理学原理提出的一种神经网络，一般称为霍普菲尔德神经网络（Hopfield neural network，见图 3-9）。霍普菲尔德神经网络的每个单元都由运算放大器和电容电阻这些元件组成，每一单元相当于一个神经元。输入信号以电压形式加到各单元上。各单元相互联结，接收到电压信号以后，经过一定时间，网络各部分的电流和电压达到某个稳定状态，它的输出电压就表示问题的解答。

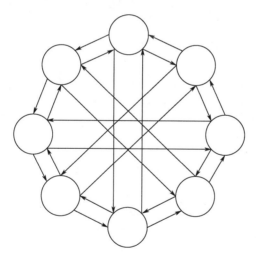

图 3-9 霍普菲尔德神经网络

1. 霍普菲尔德神经网络的概念

霍普菲尔德提出的神经网络模型有两个重要成分，即储存信息和提取信息。在典型的对称性霍普菲尔德模型中，其系统的动力学趋于使能量函数达到最小值，生物学的噪声或神经元的背景活动可用温度表征，这就使神经网络具有统计力学或热力学的特性。霍普菲尔德模型及其统计力学理论不仅增加了神经网络的理论概念，还发展了神经网络的计算方法，解决了网络中神经单元数与储存模式数量之间的关系问题，以及网络噪声与神经单元储存效率之间的关系问题。霍普菲尔德提出的能量函数和网络自由能概念是其理论的基石。网络从高能状态到达最小能量函数状态，则得到收敛，给出稳定的解，完成网络功能，这是该理论的核心思想。这种理论实际上把大脑看成由大量结构简单、动作相同的单元组成，每个单元的方向和位置是随机的，由这些单元在相空间相互竞争所确定。对于整个网络来说，如果各神经元之间的联结强度是对称的，并且其变化是非同步的，那么网络会不断变化，进行迭代直至收敛于某一点；如果网络中全部神经元的变化是同步的，那么网络变化是周期性的；如果各神经元之间的联结是非对称性的，那么网络可出现定点收敛、周期性变化和混沌等状态。

霍普菲尔德神经网络按照处理输入样本的不同，可以分成两种不同的类型：离散型（DHNN）和连续型（CHNN）。前者适合于处理输入为二值逻辑的样本，主要用于联想记忆；后者适合于处理输入为模拟量的样本，主要用于分布存储。前者使用一组非线性差分方程来描述神经网络状态的演变过程；后者使用一组非线性微分方程来描述神经网络状态的演变过程。

（1）离散型的霍普菲尔德神经网络是一种全反馈式网络，其特点是任一神经元的输出均通过联结权重反馈到所有神经元作为输入，其目的是让任一神经元的输出都能受所有神经元输出的控制，从而使各神经元的输出能够相互制约。

（2）连续型霍普菲尔德神经网络的拓扑结构与离散型霍普菲尔德神经网络相似，不同之处在于，连续型霍普菲尔德神经网络中节点的状态为模拟值且连续变化。基于生物存储器基本思想，霍普菲尔德在1984年提出了连续时间的神经网络模型。

2．霍普菲尔德神经网络的特征

霍普菲尔德提出神经网络作为存储处理理论。霍普菲尔德网络具有分布式表达、分布异步控制、相关存储器、容错等特征。

（1）分布式表达（Distribute Representation）。分布式表达通过激活跨越一组处理元件的模型进行存储记忆，而且存储是三相重叠的，在同一组处理元件上以不同的模拟方式，表示不同的记忆。

（2）分布异步控制（Distributed Asynchronous Control）。分布异步控制是指每个处理元件的功能是根据它自身的状态来作判断的。所有局部作用相加就是整体的解决方法。

（3）相关存储器（Content Addressable Memory）。相关存储器是一个模型，在网络中可以进行存储。如果我们想要跟踪一个模型，只需要确定其中一部分，那么网络就会自动找到相适应的匹配。

（4）容错（Fault Tolerance）。容错是指如果有少数处理单元不起作用或出故障，网络的功能还能发挥作用。

3. 霍普菲尔德神经网络与物理模型的关系

霍普菲尔德神经网络不仅数学处理非常精致，而且自网络提出两年后，霍普菲尔德就设计出模拟该网络性质的电子线路，为模型的应用提供了成功的范例。最有名的就是运用霍普菲尔德神经网络解决 NP 难解问题中的典型问题——旅行商问题，结果在很短的时间内，网络就提供了满意的答案。佩尔顿（Pelton）把这一问题看作最优化问题。霍普菲尔德神经网络是具有一定规模和灵活联结关系的多层神经网络，在刻画网络的整体状态时，霍普菲尔德指出网络状态的连续变化过程其实就是能量极小化的过程，当联结权重对称时，系统就处于某种稳定状态，这就为网络动力学的稳定性提供了证据。由于霍普菲尔德把稳定平衡点与正确的储存状态相对应，因此为联想储存提供了明确的物理解释。这种网络从系统功能角度出发，强调神经元的集体功能，初步显示了按内容寻址的联想记忆的性质。这一切均表明霍普菲尔德神经网络对人脑的模拟研究更加接近真实生物脑的情况，但它与生物脑之间的差距仍然是当代科学无法跨越的。尽管人脑是由 10^{12} 个神经元构成的，但单个神经元之间的关系却并不是随机的，神经元的位置和作用，不仅由千万年进化的系统发生决定，而且还由每个人出生后十多年的个体发育决定，所以脑内神经元的相互关系并不像固体物理自旋玻璃那样，是吸引子随机相互作用的相空间。生物脑的能量变化并不像淬火模型那样达到能量最小的稳定状态而收敛；相反，生物脑的能量代谢是有源的，从较小能量平衡态到全系统高能不平衡态，或达到某一局部最高能态时，才得到解。

4. 霍普菲尔德神经网络的局限性

霍普菲尔德神经网络具有一定的局限性。它虽然能实现联想记忆功能，但由于其记忆内容不可改变，因而不具备学习能力。而且这种网络能够正确记忆和回顾的样本数是相当有限的。如果记忆的样本数太多，网络可能收敛于一个不同于所有记忆中样本的伪模式；如果记忆中某一样本的某些分量与其他记忆样本的对应分量相同，那么这个记忆样本可能是一个不稳定的平衡点。而且当网络规模一定时，所能记忆的模式也非常有限。一般情况下，我们把网络所能储存的最大模式数称为网络容量，网络容量与网络的规模、算法及记忆模式的向量分布都有关系。随着记忆模式数的增加，权值不断移动，各记忆模式相互交叉，当模式数超过网络容量时，网络不但逐渐遗忘以前记忆的模式，而且也无法记住新模式，这就说明当网络规模一定时，要记忆的模式数越多，联想时出错的可能性越大；反之，要求的出错概率越低，网络的信息储存容量的上限就越小。

⊙ 3.2.4　自编码器

自编码器是一类在半监督学习和非监督学习中使用的人工神经网络，其功能是通过将输入信息作为学习目标，对输入信息进行表征学习。自编码器包含编码器和解码器两部分。

按学习范式，自编码器可以分为收缩自编码器、正则自编码器和变分自编码器，其中前两者是判别模型，后者是生成模型。按构筑类型，自编码器可以是前馈结构或递归结构的神经网络。自编码器具有一般意义上表征学习算法的功能，被应用于降维和异常值检测。包含卷积层构筑的自编码器可被应用于计算机视觉问题，包括图像降噪、神经风格迁移等。自编码器本质上是一种特殊的前馈神经网络。自编码器包含输入层、隐含层、输出层三层神经元（见图3-10），目的是使网络经过训练后能将输入复制到输出上，即网络输出 y 大致等于网络输入 x。这看上去类似于学习一个恒等函数且意义不大，但如果给隐含层中的神经元施加某些限制，如限制隐含层神经元数量小于输入层神经元数量，便可能学习到输入的低维表示，同时该低维表示能解码出原输入的表示，这在输入的各分量间存在相关性时特别有用。相比于主成分分析和独立成分分析学习到的线性表示，自编码器可以通过非线性激活函数捕获到输入各分量间的非线性关系，功能更强大。

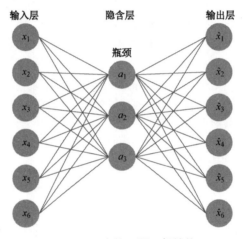

图 3-10   自编码器一般结构

自编码器在其研究早期是为解决表征学习中的"编码器问题"，即基于神经网络的降维问题而提出的联结主义模型的学习算法。1985 年，David H. Ackley、Geoffrey E. Hinton 和 Terrence J. Sejnowski 在玻尔兹曼机上对自编码器算法进行了首次尝试，并通过模型权重对其表征学习能力进行了讨论。在 1986 年反向传播算法（BP 算法）被正式提出后，自编码器算法作为 BP 的实现之一，即"自监督的反向传播"得到了研究，并在 1987 年被 Jeffrey L. Elman 和 David Zipser 用于语音数据的表征学习试验。自编码器作为一类神经网络结构（包含编码器和解码器两部分）的正式提出，来自 1987 年 Yann LeCun 发表的文章。Yann LeCun（1987）使用多层感知器（Multi-Layer Perceptron，MLP）构建了包含编码器和解码器的神经网络，并将其用于数据降噪。此外，在同一时期，Bourlard and Kamp（1988）使用 MLP 自编码器对数据降维进行的研究也得到了关注。1994 年，Hinton 和 Richard S. Zemel

通过提出"最小描述长度原理"（Minimum Description Length principle，MDL）构建了第一个基于自编码器的生成模型。

编码器（见图 3-11）能得到原数据的精髓，我们只需要再创建一个小的神经网络学习这个精髓的数据，不仅能减少神经网络的负担，而且能达到很好的效果。有时神经网络要接受大量的输入信息，如输入信息是高清图片时，输入信息量可能达到上千万，让神经网络直接从上千万个信息源中学习是一件很吃力的工作，所以，何不压缩一下，提取出原图片中的最具代表性的信息，缩减输入信息量，再把缩减过后的信息放进神经网络学习，这样学习起来就简单轻松了。因此，自编码就能在这时发挥作用，通过将原数据白色的 X 压缩，解压成黑色的 X，然后通过对比黑白 X，求出预测误差，进行反向传递，逐步提升自编码的准确性。训练好的自编码中间这一部分就是能总结原数据的精髓。可以看出，从头到尾，我们只用到了输入数据 X，并没有用到 X 对应的数据标签，所以也可以说自编码是一种非监督学习。到了真正使用自编码的时候，通常只会用到自编码的前半部分。

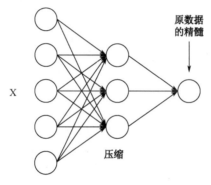

图 3-11　编码器

⊙ 3.2.5　玻尔兹曼机

1. 玻尔兹曼机简介

玻尔兹曼机（Boltzmann machine）是随机神经网络和递归神经网络的一种，由杰弗里·辛顿（Geoffrey Hinton）和特里·谢泽诺斯基（Terry Sejnowski）在 1985 年发明。玻尔兹曼机可被视作随机过程的可生成的相应的霍普菲尔德神经网络。它是最早能够学习的内部表达，并能表达和解决复杂的组合优化问题的神经网络。但是，没有特定限制连接方式的玻尔兹曼机，目前为止并未被证明对机器学习的实际问题有什么用，所以它目前只在理论上显得有用。然而，由于局部性和训练算法的赫布性质（Hebbian nature），以及它们和简单物理过程相似的并行性，如果连接方式是受约束的（即受限玻尔兹曼机），学习方式在解决实际问题上将会足够高效。

2．模拟退火算法的基本思想

模拟退火算法（Simulated Annealing，SA，见图 3-12）是一种通用的随机搜索算法，是对局部搜索算法的扩展。与一般局部搜索算法不同，SA 以一定的概率选择邻域中目标值相对较小的状态，是一种理论上的全局最优算法。

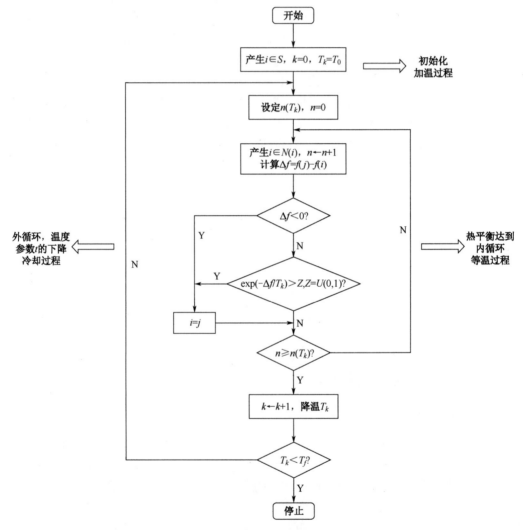

图 3-12　模拟退火算法流程图

模拟退火算法的流程如下。

（1）设定初始高温，相当于物理退火的加温过程。初始温度要足够高，在实际应用中，要根据以往的经验，通过反复实验来确定 T_0 的值。

（2）热平衡达到，相当于物理退火的等温过程，是指在一个给定温度下，模拟退火算法用特殊的抽样策略进行随机搜索，最终达到平衡状态的过程，这是模拟退火算法的内循环过程。

（3）降温函数，相当于物理退火的冷却过程，用来控制温度的下降方式，这是模拟退火算法的外循环过程。常用的降温函数有 $T_k+1=T_k-\mathrm{DT}$，$T_k+1=T_k*r$，其中 $r\in(0.95,0.99)$。当我们明白什么是模拟退火算法后，可以用一个公式表达玻尔兹曼机。

$$玻尔兹曼机=离散霍普菲尔德神经网络+模拟退火+隐单元$$

神经网络的高速发展为人工智能带来了充沛的活力，了解神经网络的基本原理能够对人工智能有更全面、更充分的认识，简单的应用能让我们领悟人工智能的神奇。

3.3　第五代计算机的研发

⊗ 3.3.1　第五代计算机简介

第五代计算机是一种更接近人类的人工智能型计算机。它能理解人的语言、文字和图形，人无须编写程序，依靠讲话就能对计算机下达命令，驱使它工作。第五代计算机能将一种知识信息和与之相关联的其他知识信息连贯起来，作为对某一知识领域具有渊博知识的专家系统，成为人们从事各方面工作的得力助手和参谋。第五代计算机还是能"思考"的计算机，能帮助人类进行推理和判断，具有逻辑思维能力。从理论和工艺技术上看，第五代计算机与现在的计算机也有根本不同，它能提供更为先进的功能，以摆脱传统计算机的技术限制，为人类进入信息化社会提供一种强有力的、不可替代的工具。

1. 当前电子计算机存在的不足

（1）电子计算机虽然已具有一些相当基础的"智能"，但它不能进行联想（即根据某一信息，从记忆中取出其他有关信息的功能）、推论（针对所给的信息，利用已记忆的信息对未知问题进行推理得出结论的功能）、学习（将对应新问题的内容，以能够高度灵活地加以运用的方式进行记忆的功能）等人类头脑的最普通的思维活动。

（2）电子计算机虽然已经能在一定程度上配合、辅助人类的脑力劳动，但是它还不能真正听懂人的语言，读懂人的文章，还需要由专家用电子计算机懂得的特殊的"程序语言"同它进行"对话"，这就大大限制了电子计算机的应用、普及及大众化。

（3）电子计算机虽然能以惊人的信息处理来完成人类无法完成的工作（如遥控已发射的火箭），但是它仍不能满足某些科技领域高速、大量的计算任务的要求。例如，在进行超高层建筑的耐震设计时，为解析一种立柱模型震动时的三维振动情况，用超大型电子计算机花费 100 年也难以完成。又如，原子反应堆事故和核聚变反应的模拟实验、资源探测卫星发回的图像数据的实时解析、飞行器的风洞实验、天气预报、地震预测等要求极高的计算速度和精度，都远远超出电子计算机的能力极限。由此可见，当今的电子计算机已不能适应信息社会的需要，必须在崭新的理论和技术基础上创制新一代计算机。

2．第五代计算机的基本结构

第五代计算机的基本结构通常由问题求解与推理、知识库管理和智能化人机接口三个基本子系统组成。

（1）问题求解与推理子系统相当于传统计算机的中央处理器。与该子系统打交道的程序语言称为核心语言，国际上都以逻辑型语言或函数型语言为基础进行这方面的研究，它是构成第五代计算机系统结构和各种超级软件的基础。

（2）知识库管理子系统相当于传统计算机主存储器、虚拟存储器和文体系统相结合。与该子系统打交道的程序语言称为高级查询语言，用于知识的表达、存储、获取和更新等。这个子系统的通用知识库软件是第五代计算机系统基础软件的核心。通用知识库包含：日用词法、语法、语言字典和基本字库常识的一般知识库；用于描述系统本身技术规范的系统知识库；把某一应用领域，如超大规模集成电路设计的技术知识集中在一起的应用知识库。

（3）智能化人机接口子系统是使人能通过说话、文字、图形和图像等与计算机对话，用人类习惯的各种可能方式交流信息。这里，自然语言是最高级的用户语言，它使非专业人员操作计算机，并为从中获取所需的知识信息提供可能。

3．第五代计算机的功能

第五代计算机系统将是一个使用共同的程序设计语言的计算机系列。总体上，它们互相连接成一个网络。局部地，上述信息处理网络上的每一个节点的本身又是一个用局部网络连接起来的计算机系统。它们将提供三种基本功能：智能界面、知识库管理、问题求解与推理。

（1）智能界面功能就是多种形式的人机通信，包括语言、文字、图形等，从而使得人机之间信息交流的方式更接近自然的方式。它在一定程度上可以看作现有计算机系统中的输入、输出通道和输入、输出设备的对应物。

（2）知识库管理功能是要求在很短的时间，如几秒钟内，就能在庞大的知识库中检索到需要的知识。计划中的主要知识库的容量高达 1 010～1 013 字节。它在一定程度上可以看作现有计算机系统中的主存、虚存和文件系统的对应物。

（3）问题求解与推理功能对应现有计算机系统中的中央处理单元的功能。但是在这里主要的工作不再是进行数的运算而是进行逻辑推理。因而，现有的性能指标将是每秒能进行逻辑推理的次数，而不是每秒能进行数的运算的次数，其单位为每秒一次逻辑推理，记为 LIPS 计划中的最高性能指标将达到 108～109，而每一逻辑推理相当对现有计算机系统中的一个 100～1 000 条指令的程序。

上述三种基本功能分别由三个系统来完成，它们综合起来即可完成知识信息处理的总要求，其过程大致如下：智能界面接受人类用语言、文字、图形等形式发出的指令，并利用知识库中的有关知识对此进行分析，并将它们转变为某种内部表示，然后问题求解与推理系统利用知识库中的有关知识，对由智能界面送来的内部表示进行加工，包括补充一些省略的信息和改正一些明显的错误等并求得解答，这个解答也是某种内部表示的形式；它们再被送回到智能界面，由后者再利用知识库中的有关知识转变为人类熟悉的语言、文字、图形等形式输出。上述整个过程中都要反复使用知识库管理功能来检索和修改知识库。

3.3.2　电子计算机的发展历程

自从 1946 年冯·诺依曼研制成了第一台电子计算机 EDVAC，开启了以"储存程序"的计算机革命，人们就将程序当作数据存入计算机，使计算机能自动依次执行指令，不用再连线路，后来人们把这一方法称为"冯·诺依曼机"。如今，我们的计算机功能已十分强大，但依旧沿用了"冯·诺依曼机"的方法，因此冯·诺依曼无愧于"现代计算机之父"的称谓。如今电子计算机的发展过程已经历了四代的变化。

1．第一代（1949 — 1956 年）

电子管计算机体系确立时代，器件采用真空电子管。基本技术：提出程序存储方式，采用二进制码，考虑自动运算控制方式，发明变址寄存器，研制各种存储器，确立程序设计概念等一系列计算机技术基础。

2．第二代（1956—1962 年）1948 年，晶体管

确立输入输出控制时代，器件采用半导体晶体管。基本技术：机器稳定性提高，磁芯存储器和各种辅助存储器的使用更为广泛。采用中断观念，主要矛盾逐步转向软设备。

3．第三代（1962—1970 年）

采用集成电路（每个电路片有 4～100 个门）和软设备系统化时代。基本技术：以操作系统为中心，进行软设备系统化研究，成果之一即为分时系统的研制，广泛应用于小型计算机。

4．第四代（20 世纪 70 年代开始）

采用大面积集成电路（每个电路片有 1 000 个门以上），毫微秒操作速度及 10 亿位存储容量。硬设备和软设备融合时代。基本技术：硬设备不会有什么革命性的技术发展，所

利用的是标准的集成电路技术，只是强调机器在结构、体制、计算技术的高度利用和程序设计技巧方面有所变化。

5. 第五代

模拟人类视神经控制系统，被称为"视感控器"或"空间电路计算机"。基本技术：结构与功能和现有计算机的概念完全不同，具有模拟-数字混合的机能，本身具有学习机理，能模仿人的视神经电路网工作，但仍未取得成功。

⊚ 3.3.3 电子计算机发展的意义

第五代计算机的发展必然引起新一代软件工程的发展，极大地提高了软件的生产率和可靠性。为改善软件和软件系统的设计环境，将研制各种智能化的支援系统，包括智能程序设计系统、知识库设计系统、智能超大规模集成电路辅助设计系统，以及各种智能应用系统和集成专家系统等。在硬件方面，将出现一系列新技术，如先进的微细加工和封装测试技术、砷化镓器件、约瑟夫森器件、光学器件、光纤通信技术及智能辅助设计系统等。另外，第五代计算机将推动计算机通信技术发展，促进综合业务数字网络的发展和通信业务的多样化，并使多种多样的通信业务集中于统一的系统之中，有力地促进了社会信息化。

人工智能的应用将是未来信息处理的主流，因此，第五代计算机的发展，必将与人工智能、知识工程和专家系统等的研究紧密相连，并为其发展提供新基础。电子计算机的基本工作原理是先将程序存入存储器中，然后按照程序逐次进行运算。这种计算机是由美国物理学家冯·诺依曼首先提出理论和设计思想的，因此又称冯·诺依曼机器。第五代计算机系统结构将突破传统的冯·诺依曼机器的概念。这方面的研究课题应包括逻辑程序设计机、函数机、相关代数机、抽象数据型支援机、数据流机、关系数据库机、分布式数据库系统、分布式信息通信网络等。

第五代计算机是十分优秀的工具，在第五代计算机的帮助下，人类的办公效率会大大提高，计算机对于人类的贡献十分巨大。

━● 3.4 个人计算机的流行 ●

⊚ 3.4.1 计算机的类别

个人计算机由硬件系统和软件系统组成，是一种能独立运行，完成特定功能的设备。自 1981 年 IBM 的第一部桌上型计算机起，计算机就迎来了风靡全球的浪潮，成为人们不可或缺的重要工具。

　　台式机（Desktop，见图 3-13）也叫桌面机，是一种独立相分离的计算机，相对于笔记本和上网本，体积较大，价格便宜，主要部件如主机、显示器、键盘、鼠标等设备一般都是相对独立的，一般需要放置在电脑桌或者专门的工作台上，因此被命名为台式机或桌面机。台式机的性能较笔记本电脑要强。台式机具有如下特点：①散热性。台式机具有笔记本电脑所无法比拟的优点。台式机的机箱空间大，通风条件好，因而一直被人们广泛使用。②扩展性。台式机的机箱方便用户硬件如光驱、硬盘、显卡升级。例如，台式机机箱的光驱驱动器插槽是 4～5 个，硬盘驱动器插槽是 4～6 个，非常方便用户日后的硬件升级。③保护性。台式机全方位保护硬件不受灰尘的侵害，而且防水性很好，在笔记本中这项性能不是很好。④明确性。台式机机箱的开、关键、重启键、USB、音频接口都在机箱前置面板中，方便用户使用。

　　一体机（All-in-one，见图 3-14），是由一台显示器、一个电脑键盘和一个鼠标组成的计算机。它的芯片、主板与显示器集成在一起，显示器就是一台计算机，因此只要将键盘和鼠标连接到显示器上，机器就能使用。随着无线技术的发展，一体机的键盘、鼠标与显示器可实现无线连接，机器只有一根电源线，这就解决了一直为人诟病的台式机线缆多而杂的问题。有的一体机还具有电视接收、AV 功能（视频输出功能）、触控功能等。

图 3-13　台式机

图 3-14　一体机

　　笔记本电脑（Notebook，见图 3-15），也称手提电脑或膝上型电脑，是一种小型、可携带的个人计算机，通常重 1～6 千克。它和台式机架构类似，但是提供了台式机无法比拟的绝佳便携性，包括液晶显示器、较小的体积、较轻的重量。笔记本电脑除了键盘外，还提供了触控板（TouchPad）或触控点（Pointing Stick），提供了更好的定位和输入功能。笔记本电脑大体上分为六类：商务型、时尚型、多媒体应用型、上网本、学习型、特殊用途。商务型笔记本电脑一般可以概括为：移动性强、电池续航时间长、商务软件多。时尚型笔记本电脑的外观主要针对时尚女性。多媒体应用型笔记本电脑则有较强的图形、图像处理能力和多媒体能力，尤其是播放能力，为享受型产品。而且，多媒体应用型笔记本电脑多拥有较为强劲的独立显卡和声卡（均支持高清），并有较大的屏幕。上网本（Netbook）就是轻便且低配置的笔记本电脑，具备上网、收发邮件及即时信息（IM）等功能，并可以实现流畅播放流媒体和音乐。上网本比较注重便携性，多在出差、旅游，甚至公共交通上使用。学习型笔记本电脑的机身设计为笔记本外形，采用标准计算机操作，全面整合学习机、电子辞典、复读机、学生电脑等多种机器的功能。具有特殊用途的笔记本电脑是服务于专业人士的，可以在酷暑、严寒、低气压、战争等恶劣环境下使用的机型，有的较笨重，如奥运会前期，在"华硕珠峰大本营 IT 服务区"使用的华硕笔记本电脑。

掌上电脑（Pda，见图 3-16）是一种运行在嵌入式操作系统和内嵌式应用软件之上的，小巧、轻便、易携带、实用、价廉的手持式计算设备。它在体积、功能和硬件配备方面都比笔记本电脑简单轻便，在功能、容量、扩展性、处理速度、操作系统和显示性能方面又远远优于电子记事簿。掌上电脑除了用来管理个人信息（如通讯录、计划等），而且还可以上网浏览页面，收发 E-mail，甚至还可以当手机来用。另外，它还具有录音机功能、英汉汉英词典功能、全球时钟对照功能、提醒功能、休闲娱乐功能、传真管理功能等。掌上电脑的电源通常采用普通碱性电池或可充电锂电池。掌上电脑的核心技术是嵌入式操作系统，各种产品之间的竞争也主要在此。在掌上电脑基础上加上手机功能，就成了智能手机（Smart Phone）。智能手机除了具备手机的通话功能外，还具备了 Pda 分功能，特别是个人信息管理及基于无线数据通信的浏览器和电子邮件功能。智能手机为用户提供了足够的屏幕尺寸和带宽，既方便随身携带，又为软件运行和内容服务提供了广阔的舞台，很多增值业务可以就此展开，如股票、新闻、天气、交通、商品、应用程序下载、音乐图片下载等（现已不常见）。

图 3-15　笔记本电脑

图 3-16　掌上电脑

平板电脑（Tablet，见图 3-17）是一款无须翻盖、没有键盘、大小不等、形状各异，却功能完整的计算机。其构成组件与笔记本电脑基本相同，但它是利用触笔在屏幕上书写，而不是使用键盘和鼠标输入，并且打破了笔记本电脑键盘与屏幕垂直的 J 型设计模式。它支持手写输入或语音输入，移动性和便携性比笔记本电脑更胜一筹，支持来自 Intel、AMD 和 ARM 的芯片架构，平板电脑由比尔·盖茨提出，从微软提出的平板电脑概念产品上看，平板电脑就是一款无须翻盖、没有键盘、小到足以放入女士手袋的产品，但功能没有 PC 齐全。

图 3-17　平板电脑

⊙ 3.4.2　计算机的发展史

第一、二阶段（1971—1973 年）是 4 位和 8 位低档微处理器时代，通常称为第一代，其典型产品是 Intel 4004 和 Intel 8008 微处理器和分别由它们组成的 MCS-4 和 MCS-8 微机。Intel 4004 是一种 4 位微处理器，可进行 4 位二进制的并行运算，它有 45 条指令，速度为 0.05MIPS（Million Instruction Per Second，每秒百万条指令）。Intel 4004 的功能有限，主要用于计算器、电动打字机、照相机、台秤、电视机等家用电器上，使这些电器设备具有智能化，从而提高它们的性能。Intel 8008 是世界上第一种 8 位的微处理器。存储器基本特点是采用 PMOS 工艺，集成度低（4 000 个晶体管/片），系统结构和指令系统都比较简单，主要采用机器语言或简单的汇编语言，指令数目较少（20 多条指令），基本指令周期为 20～50μs，用于简单的控制场合。1971—1977 年是 8 位中高档微处理器时代，通常称为第二代（第二代计算机见图 3-18）。它们的特点是采用 NMOS 工艺，集成度提高约 4 倍，运算速度提高约 10～15 倍（基本指令执行时间 1～2μs），指令系统比较完善，具有典型的计算机体系结构和中断、DMA 等控制功能。它们均采用 NMOS 工艺，集成度约 9 000 个晶体管，平均指令执行时间为 1～2μs，采用汇编语言、BASIC、Fortran 编程，使用单用户操作系统。

图 3-18　第二代计算机

　　第三阶段（1978～1984 年）是 16 位微处理器时代，通常称为第三代（见图 3-19），其典型产品是 Intel 公司的 8086/8088，Motorola 公司的 M68000，Zilog 公司的 Z8000 等微处理器。

图 3-19　第三代计算机

　　1982 年，Intel 公司在 8086 的基础上，研制出了 80286 微处理器，该微处理器的最大主频为 20MHz，内、外部数据传输均为 16 位，使用 24 位内存储器的寻址，内存寻址能力为 16MB。80286 有两种工作方式，一种叫实模方式，另一种叫保护方式。

第四阶段（1985—1992 年）是 32 位微处理器时代，又称为第四代。每秒钟可完成 600 万条指令（Million Instructions Per Second，MIPS）。微型计算机的功能已经达到甚至超过超级小型计算机，完全可以胜任多任务、多用户的作业。由于 32 位微处理器的强大运算能力，PC 的应用扩展到很多领域，如商业办公和计算、工程设计和计算、数据中心、个人娱乐等。80386 使 32 位 CPU 成为了 PC 工业的标准。

第五、六阶段（2005 年至今）随着 MMX 微处理器的出现，使微机的发展在网络化、多媒体化和智能化等方面跨上了更高的台阶。它是酷睿（core）系列微处理器时代，通常称为第 6 代。"酷睿"是一款领先节能的新型微架构，其设计的出发点是提供卓然出众的性能和能效，提高每瓦特性能，也就是所谓的能效比。

⊚ 3.4.3 PC 第三需求

PC 电脑对于年轻人的意义就像过去人们结婚必须买的"三大件"一样，是一种"标配"式的存在。彼时，PC 是家庭娱乐的中心，也是唯一的中心，其他所有的设备都要围绕 PC 来进行设计、配套。PC 行业的顶峰出现在 2011 年，这一年全球 PC 的出货量达到了 3.65 亿台。不过随后销量一路下滑，到 2014 年出货量萎缩至 3.04 亿台。与之相对应的是智能手机及平板电脑销量的迅速增长。据 IDC 的数据显示，智能手机全球出货量在 2013 年便已经突破 10 亿台，全球平板电脑出货量在 2014 年也增至 2.297 亿台。手机的迅猛发展开始崭露头角，未来计算机可能会趋向更轻便的方向发展。

个人计算机的流行使人们的生活和办公更趋近于简单化，快速的生活节奏需要更高效简便的工具，个人计算机的趋势是可以预见的。

3.5 机器学习的繁荣

机器学习涉及多门学科，专门研究计算机怎样模拟或实现人类的学习行为，以获取新的知识或技能，重新组织已有的知识结构使之不断改善自身的性能。在人们不断的努力下，机器学习迎来发展的高潮。

⊚ 3.5.1 机器学习的发展历史

自阿尔法围棋击败世界围棋冠军柯洁后，"人工智能"一词在社会和生活中的热度不断升高。但我们在不断了解"人工智能"后发现，打败柯洁的阿尔法围棋其实更多的是"人工智能"背后的"机器学习"的功劳。一直以来，科学家希望跟随布莱兹·帕斯卡［发明世界首台手摇计算机（见图 3-20）］和莱布尼茨（将二进制应用于计算机）两位数学家的步伐，建造一台像人类一样聪明的智能机器。另外，一些作家也在自己的故事里展开了他们对类人机器的幻想，如《绿野仙踪》的作者 Frank Baum、《科学怪人》的作者 Mary Shelley 和《星球大战》的导演 George Lucas，他们笔下的机器人几乎和人类一模一样，能在复杂环境中执行各种任务。

图 3-20　第一台手摇计算器

作为实现人工智能的重要途径之一，机器学习一直是该领域的研究热点。不少公司及大学投入了大量资源及精力去提高其机器学习算法。截至目前，人工智能在某些领域中已经可以和人类并驾齐驱了，如 2011 年 IJCNN 举行的"德国交通标志识别"比赛中，人工智能以 98.98%准确率战胜了人类。

人工智能真正的起源时间是 1949 年赫布理论的诞生，它解释了学习过程中大脑神经元所发生的变化，标志着机器学习领域迈出的第一步。概括来讲，赫布理论研究的是循环神经网络（RNN）中各节点之间的关联性。而里面提到的 RNN 具有把相似神经网络连接在一起的特征，并起到类似于记忆的作用。Hebb 是如此描述赫布理论的："我们可以假定，反射活动的持续与重复（或称"痕迹"）会引起神经元稳定性的持久性提升……当神经元 A 的轴突与神经元 B 之间距离非常近，并且 A 对 B 进行重复、持续的刺激时，这两个神经元或者它们的其中之一便会发生某些生长过程或代谢的变化，从而使得 A 对 B 的刺激效率得到提高。"

但是它曾在 20 世纪 70 年代陷入了瓶颈期，而后大数据时代开始，机器学习也在大数据的支持下复兴了。因此，我们可以大致将它的理念和运作模式从大数据时代前后分为浅层学习和深度学习。

到了 1952 年，IBM 的 Arthur Samuel（被誉为"机器学习之父"，见图 3-21）设计了一款可以学习的西洋跳棋程序。它能通过观察棋子的走位来构建新的模型，并用其提高自己的下棋技巧。Samuel 在和这个程序进行多场对弈后发现，随着时间的推移，程序的棋艺变得越来越好。

图 3-21　Arthur Samuel

　　Samuel 用这个程序推翻了以往"机器无法超越人类，不能像人一样写代码和学习"这一传统认识。而他对"机器学习"的定义是：不需要确定性编程就可以赋予机器某项技能的研究领域。

　　1957 年，具备神经科学背景的 Rosenblatt（见图 3-22）提出了第二个模型——感知器（Perceptron），它更接近于如今的机器学习模型。当时，感知器的出现让不少人为之兴奋，因为它的可用性比赫布模型要高。这种模型被认为是机器学习人工神经网络中较为典型的算法。Rosenblatt 是这样介绍感知机的："感知器可以在较简单的结构中表现出智能系统的基本属性，也就是说研究人员不需要再拘泥于具体生物神经网络特殊及未知的复杂结构中。"

　　而三年之后，Widrow 则提出了"差量学习规则"，并且随即被应用到感知器模型中。差量学习规则又称"最小平方"问题，它与感知器结合在一起时可以创建出更精准的线性分类器。不过到 1969 年时，Minsky 给感知器重重一击，他提出的异或问题揭露出感知器的本质缺陷——无法处理线性不可分问题（见图 3-23）。此后，神经网络研究陷入了长达十多年的停滞中。尽管 1970 年 Linnainmaa 首次提出了著名的 BP 算法以解决此问题，可当时并没有引起重视。直到 20 世纪 80 年代末，此算法才开始被接纳使用，并给机器学习带来了希望。

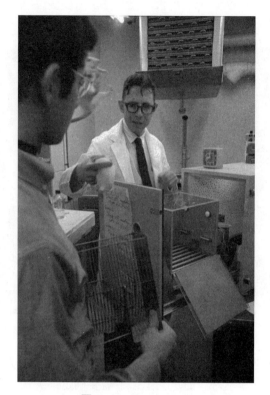

图 3-22　Rosenblatt

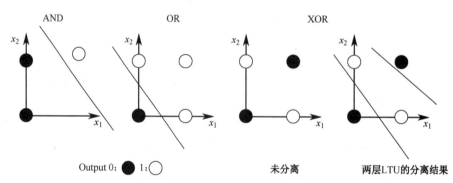

Output 0: ● 1:○　　　　　　　未分离　　　　两层LTU的分离结果

图 3-23　异或问题

　　接着在 1985 到 1986 两年间，多位神经网络学者也相继提出了使用 BP 算法来训练多层感知器（图 3-24）的相关想法，如 Rumelhart，Hinton，Williams–Hetch，Nielsen。

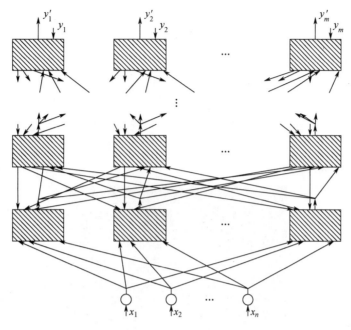

图 3-24　多层感知器

在这期间，J. R. Quinlan 于 1986 年提出了著名的 ML 算法——决策树（见图 3-25），也就是 ID3 算法，它同时亦是机器学习领域的主流分支之一。另外，与"黑盒派"的神经网络编程器不同，ID3 算法就如发行软件一般，可以运用它的简单规则及清晰理论找到更多具实际意义的应用场景。

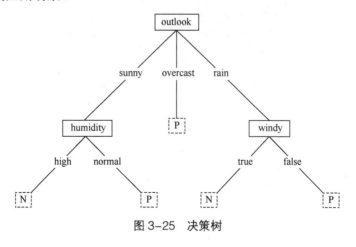

图 3-25　决策树

自 ID3 算法提出以来，有不少研究团队对其进行了优化改进（如 ID4、回归树、CART 等）。至今，它依旧是机器学习领域的"活跃分子"之一。

　　这个时代的机器学习也因而得名——浅层学习。到了 20 世纪 90 年代，浅层学习进入了黄金时代，各种各样的浅层学习模型被相继提出，这些模型大多数在实际运用中都取得了巨大的成功。

　　大数据时代（深度学习）。随着人类对数据信息的收集和应用逐渐娴熟，对数据的掌控力逐渐提升，机器学习在海量数据的支持下攀上了新的高峰，即深度学习。深度学习的实质是通过海量的数据进行更有效的训练从而获得更精确的分类或预测。深度学习的理念在 2006 年由 Geoffrey Hinton（见图 3-26）和他的学生提出，并在当时引起了轰动，在学术界和工业界掀起了深度学习的浪潮。

图 3-26　Geoffrey Hinton

　　人工智能未真正实现。人类预想的人工智能是能够像人类一样独立处理解决问题的智能机器人，但我们目前所达到的水平更多的是，机器学习实现了人类想要的一些功能以辅助人类工作，但还远未达到人工智能的水平。

⊙ 3.5.2　机器学习的主要流程

　　机器学习的流程主要分为十个步骤，分别是：数据源、分析、特征选择、向量化、拆分数据集、训练、评估、文件整理、接口封装、上线，如图 3-27 所示。

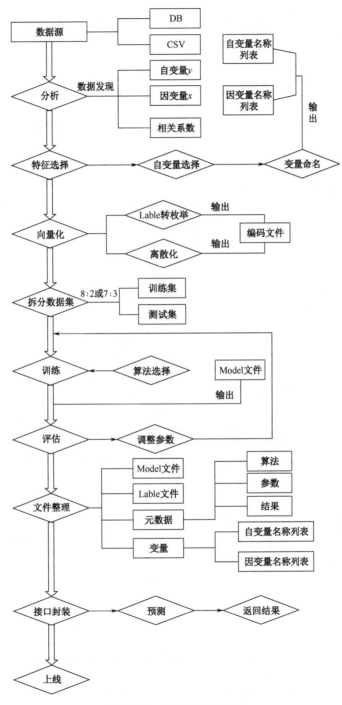

图 3-27　机器学习流程图

（1）数据源。机器学习的第一步是收集数据，收集到的数据的质量和数量会直接决定预测模型能否建好。我们将收集到的数据进行去重复、标准化、错误修正等预处理，保存后，为下一步数据的加载做准备。

（2）分析。这一步主要是数据的发现，如找出每列的最大值、最小值、平均值、三分位数、特定值（如零值）等所占比例或者对分布规律要有一定的了解。可以使用可视化进行了解。要确定自变量（$x_1, ..., x_n$）和因变量 y，找出因变量和自变量的相关性，确定相关系数。

（3）特征选择。特征的好坏很大程度上决定了分类器的效果好坏。对上一步中确定的自变量进行筛选，选择合适的特征，然后对变量进行命名，并且需要将命名文件保存。

（4）向量化。向量化是对特征提取结果的再加工，目的是增强特征的表示能力，防止模型过于复杂，学习起来困难。如对连续的特征值进行离散化，Label 值映射成枚举值，用数字进行标识。这一阶段将产生一个很重要的文件：Label 值和枚举值对应关系，在预测阶段会用到。

（5）拆分数据集。这一步需要将数据分为两部分。一部分用于训练模型，这部分是数据集中较大的部分；另一部分用于评估训练模型的好坏，通常以 8∶2 或者 7∶3 进行数据划分。

（6）训练。进行模型训练之前，要确定合适的算法，如线性回归、决策树、随机森林等。选择算法的最佳方法是测试各种不同的算法，然后通过交叉验证选择最好的一个。如果只是为问题寻找一个"足够好"的算法，或者一个起点，也是有一些还不错的一般准则的，例如，训练集很小，那么高偏差 / 低方差分类器（如朴素贝叶斯分类器）要优于低偏差 / 高方差分类器（如 k 近邻分类器），因为后者容易过拟合。但是，随着训练集的增大，低偏差/高方差分类器将开始胜出（它们具有较低的渐近误差），因为高偏差分类器不足以提供准确的模型。

（7）评估。训练完成之后，通过拆分出来的训练的数据来对模型进行评估，通过将真实数据和预测数据进行对比，来判定模型的好坏。常见的模型评估的五个方法：混淆矩阵（见表 3-1）、提升图&洛伦兹图、基尼系数、ks 曲线、roc 曲线。混淆矩阵不能作为评估模型的唯一标准，混淆矩阵是计算模型其他指标的基础。

表 3-1　混淆矩阵

		预测数据	
		J	G
真实数据	J	X_1	X_2
	G	X_3	X_4

表 3-1 中，X_1 为做出正确判断的否定记录，X_2 为做出错误判断的肯定记录，X_3 为做出错误判断的否定记录，X_4 为做出正确判断的肯定记录。

可以通过以下三个指标来评估模型的好坏：

准确率	$P=X_4/(X_2+X_4)$
召回率	$P=X_4/(X_3+X_4)$
调和平均数	$F=2PR/(R+P)$

完成评估后，如果想进一步改善训练，可以通过调整模型的参数来实现，然后重复训练和评估的过程。

（8）文件整理。模型训练完之后，要整理出四类文件，以确保模型能够正确运行，这四类文件分别为：Model 文件、Lable 编码文件、元数据文件（算法、参数和结果）、变量文件（自变量名称列表、因变量名称列表）。

（9）接口封装。通过封装服务接口，实现对模型的调用，以便返回预测结果。

（10）上线。

⊚ 3.5.3　机器学习算法

机器学习算法是人工智能的核心，是使计算机具有智能的根本途径，其应用遍及人工智能的各个领域，它主要使用归纳、综合，而不是演绎。由于我们所提供的机器学习算法信息，致使数据中心机器学习算法正在变得越来越智能。经典机器学习算法有 SVM、决策树、随机森林、逻辑回归、朴素贝叶斯、KNN、K-means、马尔可夫、EM 算法。

1．SVM（Support Vector Machine，支持向量机）

SVM 是一类按监督学习方式对数据进行二元分类的广义线性分类器，其决策边界是对学习样本求解的最大边距超平面。SVM 使用铰链损失函数计算经验风险，并在求解系统中加入了正则化项以优化结构风险，是一个具有稀疏性和稳健性的分类器。SVM 可以通过核方法进行非线性分类，是常见的核学习（kernel learning）方法之一。SVM 于 1964 年被提出，在 20 世纪 90 年代后得到快速发展并衍生出一系列改进和扩展算法，被应用于人像识别、文本分类等模式识别（pattern recognition）中。

2．决策树（Decision Tree，有监督算法、概率算法）

决策树是在已知各种情况发生概率的基础上，通过构成决策树来求取净现值的期望值大于等于零的概率，以评价项目风险，判断其可行性的决策分析方法，是直观运用概率分析的一种图解法。由于这种决策分支画成图形后很像一棵树的枝干，故称决策树。在机器学习中，决策树是一个预测模型，它代表的是对象属性与对象值之间的一种映射关系。Entropy = 系统的凌乱程度，使用算法 ID3，C4.5 和 C5.0 生成树算法使用熵。这一度量是基于信息学理论中熵的概念。决策树是一种树形结构，其中每个内部节点表示一个属性上的测试，每个分支代表一个测试输出，每个叶节点代表一种类别。决策树是一种十分常用的分类方法。

3. 随机森林（集成算法中最简单的，模型融合算法）

随机森林指的是利用多棵树对样本进行训练并预测的一种分类器。该分类器最早由 Leo Breiman 和 Adele Cutler 提出，并被注册成了商标。在机器学习中，随机森林是一个包含多个决策树的分类器，并且其输出的类别是由个别树输出的类别的众数而定的。Leo Breiman 和 Adele Cutler 推导出随机森林的算法。而 "Random Forests" 是其商标。这个术语是根据 1995 年贝尔实验室的 Tin Kam Ho 提出的随机决策森林（random decision forests）而来的。这个方法则是结合 Breimans 的 "Bootstrap aggregating" 想法和 Ho 的 "random subspace method" 以建造决策树的集合。

4. 逻辑回归（线性算法）

逻辑回归虽然叫作回归，但是其主要解决分类问题，可用于二分类问题，也可以用于多分类问题。线性回归其预测值为连续变量，并且其预测值在整个实数域中。而对于预测变量 y 为离散值时，可以用逻辑回归算法（Logistic Regression）。逻辑回归的本质是将线性回归进行一个变换，该模型的输出变量范围始终在 0 和 1 之间。

5. 朴素贝叶斯

朴素贝叶斯法是基于贝叶斯定理与特征条件独立假设的分类方法。最为广泛的两种分类模型是决策树模型（Decision Tree Model）和朴素贝叶斯模型。和决策树模型相比，朴素贝叶斯分类器（Naive Bayes Classifier，NBC）发源于古典数学理论，有着坚实的数学基础，以及稳定的分类效率。同时，NBC 模型所需估计的参数很少，对缺失数据不太敏感，算法也比较简单。理论上，NBC 模型与其他分类方法相比具有最小的误差率，但是实际上并非总是如此，这是因为 NBC 模型假设属性之间相互独立，这个假设在实际应用中往往是不成立的，这给 NBC 模型的正确分类带来了一定影响。

6. KNN（K Nearest Neighbor，K 近邻），有监督算法、分类算法

最简单、最初级的分类器是将全部的训练数据所对应的类别都记录下来，当测试对象的属性和某个训练对象的属性完全匹配时，便可以对其进行分类。但是怎么可能所有测试对象都会找到与之完全匹配的训练对象呢？这就存在一个测试对象同时与多个训练对象匹配，导致一个训练对象被分到多个类的问题，基于这个问题，就产生了 KNN。KNN 是通过测量不同特征值之间的距离进行分类的。它的思路是：如果一个样本在特征空间中的 K 个最相似（即特征空间中最邻近）的样本中的大多数属于某一个类别，则该样本也属于这个类别，其中，K 通常是不大于 20 的整数。KNN 算法中，所选择的邻居都是已经正确分

类的对象。该方法在定类决策上只依据最邻近的一个或者几个样本的类别来决定待分样本所属的类别。

7. K-means（K 均值），无监督算法、聚类算法、随机算法

一种无监督的学习，事先不知道类别，会自动将相似的对象归到同一个簇中。K-Means 算法是一种聚类分析（cluster analysis）的算法，其主要是计算数据聚集的算法，主要通过不断地取离种子点最近均值的算法。

8. 马尔可夫

马尔可夫线没有箭头，马尔可夫模型允许有环路。affinity 亲和力关系，energy（A,B,C），发现 A,B,C 之间有某种规律性东西，但不一定是概率，但是可以表示 A,B,C 之间的一种亲和力。potential=e1*e2*e3*en potential 函数一般来说不是概率。贝叶斯模型与马尔可夫模型：任何一个贝叶斯模型对应于唯一的一个马尔可夫模型，而任意一个马尔可夫模型可以对应于多个贝叶斯模型。贝叶斯模型类似于象棋，等级分明；马尔可夫模型类似于围棋，人人平等。马尔可夫模型是一种统计模型，广泛应用在语音识别、词性自动标注、音字转换、概率文法等各个自然语言处理应用领域。

9. EM 算法

EM 算法指的是最大期望算法（Expectation Maximization Algorithm，又译为期望最大化算法），是一种迭代算法，用于含有隐变量（Latent Variable）的概率参数模型的最大似然估计或极大后验概率估计。

$$\ell(\theta) = \sum_{i=1}^{m} \log p(x;\theta)$$
$$= \sum_{i=1}^{m} \log \sum_{z} p(x,z;\theta)$$

机器学习带来的浪潮不仅是人工智能的复兴，更是人们对于更智能的机械应用的一次新的挑战，人工智能的目标是实现机器能独立解决问题，机器学习无疑让人类向这一目标迈进了一步。

知识回顾

本章通过对专家系统、神经网络、机器学习等的学习，了解到人工智能的发展与人工智能如何再次成为人们眼中的热门。过去，专家系统的出现使人工智能第一次实现经济效益，为人工智能带来了一次大的发展浪潮，如今，随着人工智能的发展，各种功能强大的

神经网络不断出现，让人工智能产生了更多的实际的经济效益，人工智能实现了新的开端，相信未来人工智能的热度不减，而专家系统的原理、常见神经网络的构成、新型计算机发展的意义都是我们学习的重点。

任务习题

一、填空题

1. 专家系统由＿＿＿＿＿、＿＿＿＿＿、＿＿＿＿＿、＿＿＿＿＿、＿＿＿＿＿、＿＿＿＿＿六部分组成。
2. 专家系统的主要功能有＿＿＿＿＿、＿＿＿＿＿、＿＿＿＿＿、＿＿＿＿＿、＿＿＿＿＿、＿＿＿＿＿。
3. BP 算法具有＿＿＿＿＿、＿＿＿＿＿、＿＿＿＿＿、＿＿＿＿＿的缺点。
4. BP 算法由＿＿＿＿＿、＿＿＿＿＿两个部分组成。
5. ＿＿＿＿＿是一种通用的随机搜索算法，是对局部搜索算法的扩展。

二、选择题

1. 前馈神经网络结构主要由输入层、（　　　）、输出层构成。
   A．隐蔽层　　　　　B．隐匿层　　　　　C．隐含层　　　　　D．隐身层
2. 霍普菲尔德神经网络具有分布式表达、容错、相关存储器、（　　　）等的特征。
   A．权重不对称　　　　　　　　　B．分布异步控制
   C．全布异步控制　　　　　　　　D．可更改记忆内容
3. 自编码的功能是通过将（　　　）作为学习目标，对（　　　）进行表征学习。
   A．输入信息，输入信息　　　　　B．输入信息，输出信息
   C．输出信息，输出信息　　　　　D．输出信息，输入信息
4. 按学习范式，自编码器可以被分为（　　　）、正则自编码器和变分自编码器。
   A．激发自编码器　　　　　　　　B．控制自编码器
   C．前馈自编码器　　　　　　　　D．收缩自编码器

三、简答题

1. 现代计算机经历了几代的变化？
2. 简述人工智能真正的起源时间。感知机为什么使得人工智能陷入低谷？

第 4 章

人工智能的高速发展

内容梗概

人工智能（Artifical Intelligence）从提出到发展至今，经过了三次崛起、两次衰败的历程，才有了现如今的人工智能。本章从阿尔法围棋与深度学习、卷积神经网络、循环神经网络、生成对抗神经网络几个方面讲述人工智能发展的过程及各类定理给人类科学带来的影响。

学习重点

1. 了解并掌握深度学习与阿尔法围棋的概念与关联。
2. 掌握卷积神经网络的结构及经典模型和应用。
3. 掌握循环神经网络的结构及其应用。
4. 掌握生成对抗神经网络的基本原理和模型及应用。

任务点

4.1　阿尔法围棋与深度学习
4.2　卷积神经网络
4.3　循环神经网络
4.4　生成对抗神经网络
知识回顾
任务习题

● 4.1 阿尔法围棋与深度学习 ●

2016 年 3 月，阿尔法围棋（AlphaGo）与围棋世界冠军、职业九段棋手李世石进行围棋人机大战（见图 4-1），阿尔法围棋以 4∶1 的总比分获胜。

图 4-1　李世石对战阿尔法围棋

2016 年年末，2017 年年初，该程序在中国棋类网站上以"大师"（Master）为注册账号与中日韩数十位围棋高手进行快棋对决，连续 60 局无一败绩；2017 年 5 月，在中国乌镇围棋峰会上，它与排名世界第一的世界围棋冠军柯洁对战（见图 4-2），阿尔法围棋以 3∶0 的总比分获胜。

图 4-2　柯洁对战阿尔法围棋

阿尔法围棋（AlphaGo）是第一个击败人类职业围棋选手、第一个战胜围棋世界冠军的人工智能机器人，由谷歌（Google）旗下 DeepMind 公司戴密斯·哈萨比斯领衔的团队开发，其主要工作原理是"深度学习"。

深度学习对于人类多个领域起到了非常重要的作用，地位举足轻重。要想学习人工智能，我们得先从这一逻辑学的根本开始探究。

⊙ 4.1.1 深度学习的原理及架构

深度学习是学习样本数据的内在规律和表示层次，在这些学习的过程中获得的信息对诸如文字、图像和声音等数据的解释有很大的帮助。它的最终目标是让机器能够像人一样具有分析学习的能力，能够识别文字、图像和声音等数据。深度学习是一个复杂的机器学习算法，在语音和图像识别方面取得的效果远远超过先前相关技术。

1. 深度学习原理及架构

深度学习（Deep Learning，DL）是机器学习（Machine Learning，ML）领域中一个新的研究方向，它被引入机器学习使其更接近于最初的目标——人工智能（Artificial Intelligence，AI）。

深度学习也称为深度结构学习（Deep Structured Learning）、层次学习（Hierarchical Learning）或深度机器学习（Deep Machine Learning），是一类算法集合，是机器学习的一个分支。深度学习构架分为生成式深度架构、判别式深度架构和混合深度架构。

1）生成式深度架构

生成式深度架构（Generative deep architectures）主要是用来描述具有高阶相关性的可观测数据或者是可见的对象的特征，主要用于模式分析，或者描述这些数据与它们的类别之间的联合分布。

2）判别式深度架构

判别式深度架构（Discriminative deep architectures）主要用于提供模式分类的判别能力，经常用来描述在可见数据条件下物体的后验类别的概率。

3）混合深度架构

混合深度架构（Hybrid deep architectures）的目标是分类，但是和生成式深度架构混合在一起。

2. 深度学习与人工智能的关系

深度学习使得机器学习乃至人工智能整个领域有了众多实际应用。深度学习的出现，使得任何机器协助看上去都成为可能。无人驾驶汽车、更好的预防性医疗，甚至更精彩的电影推荐都已经实现或即将实现。人工智能已经成为现实，也是我们的未来。在深度学习的帮助下，人工智能甚至可能达到我们一直以来幻想的科幻状态。深度学习作为实现机器学习的技术，拓展了人工智能领域范畴，主要应用于图像识别、语音识别、自然语言处理。

3．深度学习的应用举例

1）物体检测

物体检测是从图像中确定物体的位置，并进行分类问题（见图4-3）。我们可以发现，物体检测比物体识别更加难，物体检测需要对图像中的每一种类别都进行识别并判断其位置。

图4-3　物体检测例子

如图4-4所示为人们提出的基于 CNN 的方法之一——R-CNN 的处理流。

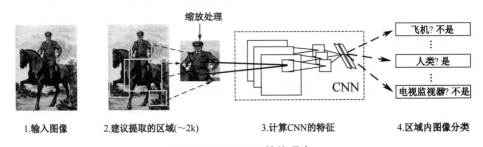

图4-4　R-CNN 的处理流

2）图像分割

图像分割是指在像素水平上对图像进行分类。如图 4-5 所示为图像分割的一个例子，使用像素为单位对各个对象分别着色的监督数据进行学习，然后在推理时，对输入图像的所有像素进行分类。

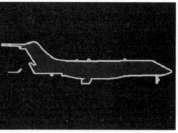

图 4-5　图像分割例子

3）图像标题生成

图像标题生成融合了计算机视觉和自然语言的研究，能对一幅照片进行标题文字生成。如图 4-6 所示为基于深度学习的图像标题生成的一个例子，其中，第一张照片生成了"A person riding a motorcycle on a dirt road."，翻译过来指"在肮脏的道路上骑摩托车的一个人。"，这样就连肮脏的道路也被正确理解了。

A person riding a
motorcycle on a dirt road.

Two dogs play in the grass.

A skateboarder does a trick
on a ramp.

A dog is jumping to catch a
frisbee.

A group of young people
playing a game of frisbee.

Two hockey players are
fighting over the puck.

A little girl in a pink hat is
blowing bubbles.

A refrigerator filled with lots of
food and drinks.

A herd of elephants walking
across a dry grass field.

A close up of a cat laying
on a couch.

A red motorcycle parked on the
side of the road.

A yellow school bus parked
in a parking lot.

图 4-6　基于深度学习的图像标题生成例子

⊙ 4.1.2　强化学习

强化学习（Reinforcement Learning，RL），又称再励学习、评价学习或增强学习，是机器学习的范式和方法论之一，用于描述和解决智能体（Agent）在与环境的交互过程中通过学习策略以达成回报最大化或实现特定目标的问题。在传统的机器学习分类中没有提到过强化学习。而在连接主义学习中，把学习算法分为三种类型，即非监督学习（Unsupervised Learning）、监督学习（Supervised Learning）和强化学习。

1. 强化学习的基本概念

强化学习，是一种重要的机器学习方法，在智能控制机器人及分析预测等领域有许多应用。

强化学习的关键要素有：环境状态（Environment）、奖励（Reward）、动作（Action）和智能体（Agent）。例如，你作为一个决策者（Agent）有两个动作（Action）：学习和打游戏。如果你去玩游戏，你的学习成绩就会下降。学习成绩就是你的（State），你的父母看到你的学习成绩会对你给予相应的奖励（Reward）和惩罚。因此，经过一定次数的迭代，你就会知道在什么样的成绩下选择什么样的动作会得到最高奖励，这就是强化学习的主要思想，如图 4-7 所示。

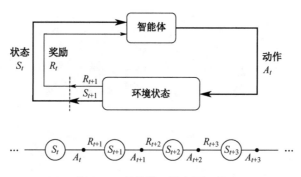

图 4-7　强化学习的主要思想

2. 强化学习的基本原理及模型

强化学习把学习看作试探过程，基本模型如图 4-8 所示，在强化学习中，Agent 选择一个动作 a 作用于环境，环境接收该动作后发生变化，同时产生一个强化信号 r（奖或罚）反馈给 Agent，Agent 再根据强化信号和环境的当前状态 s 选择下一个动作，选择的原则是使受到正的报酬的概率增大，选择的动作不仅影响立即强化值而且还影响下一时刻的状态及最终强化值，强化学习的目的就是寻找一个最优策略，使得 Agent 在运行中获得的累计报酬最大。

状态s
Agent
奖或罚r
环境
动作a

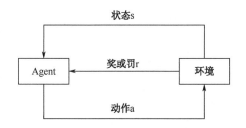

图 4-8　强化学习的基本模型

3．深度学习与强化学习的区别

深度学习的训练样本是有标签的，强化学习的训练样本是没有标签的，它是通过环境给出的奖惩来学习的。深度学习的学习过程是静态的，强化学习的学习过程是动态的。这里，静态与动态的区别在于是否会与环境进行交互，深度学习是给什么样本就学什么，而强化学习是要和环境进行交互的，再通过环境给出的奖惩来学习。深度学习解决的更多的是感知问题，强化学习解决的主要是决策问题；深度学习更像“五官”，而强化学习更像“大脑”。

4．强化学习的主要算法

1）Q_Learning

强化学习值迭代的主要算法，主要通过环境获得当前环境 s_t 下选取对应动作 a 获取的 r，然后将其构建成一张 Q 表，如图 4-9 所示。

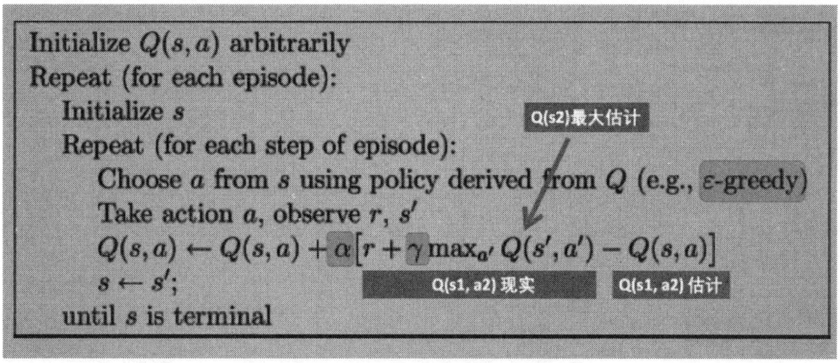

Initialize $Q(s,a)$ arbitrarily
Repeat (for each episode):
Initialize s
Repeat (for each step of episode):
Choose a from s using policy derived from Q (e.g., ε-greedy)
Take action a, observe r, s'
$Q(s,a) \leftarrow Q(s,a) + \alpha[r + \gamma \max_{a'} Q(s',a') - Q(s,a)]$
$s \leftarrow s'$;
until s is terminal
Q(s2)最大估计
Q(s1, a2) 现实
Q(s1, a2) 估计

图 4-9　Q_Learning 算法实现

2）Sarsa

Sarsa 计算 Q（s1，a2）现实的时候，是去掉 maxQ 的，遵循说到做到原则，取而代之的是在 s2 上我们选取的 a2 的 Q 值，最后像 Q_Learning 一样，求出现实和估计的差距并更新 Q 表里的 Q（s1,a2），如图 4-10 所示。

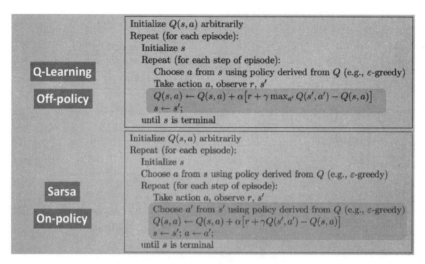

图 4-10　Sarsa 算法实现

3）Actor-Critic

Actor-Critic 的 Actor 是由 Policy Gradients 演变而来的，它能在连续动作中选取合适的动作，而 Q-Learning 做这件事会瘫痪。又因为 Actor-Critic 是根据 Q-Learning 或者其他的以值为基础的学习法来的，能进行单步更新，而传统的 Policy Gradients 则是回合更新，这降低了学习效率。

Critic 被用来学习奖惩机制，就是环境和奖励之间的联系，所以可以对 Actor 的动作进行反馈，使得 Actor 每一步都在更新，同时还可以衍生出可以分布式运行的 A3C。Actor-Critic 算法实现如图 4-11 所示。

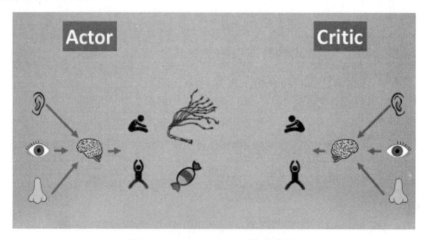

图 4-11　Actor-Critic 算法实现

4）DDPG（Deep Deterministic Policy Gradient）

将 DQN 网络加入 Actor-Critic 系统中，这种新算法叫作 DDPG，成功地解决了在连续动作预测上学不到东西的问题，DDPG 分为两个部分：策略 Policy 的神经网络和基于价值 Value 的神经网络，但是为了体现 DQN 的思想，每种神经网络我们都需要再细分为两个网络：动作估计值网络和状态估计值网络。DDPG 算法实现如图 4-12 所示。

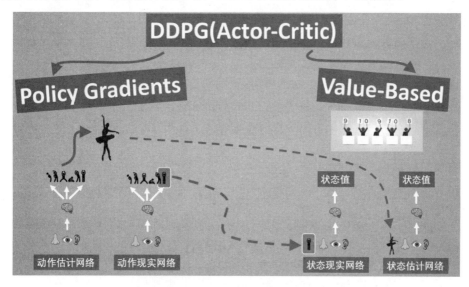

图 4-12　DDPG 算法实现

⊙ 4.1.3　阿尔法围棋

阿尔法围棋是第一个击败人类职业围棋选手、第一个战胜围棋世界冠军的人工智能机器人，由谷歌（Google）旗下 DeepMind 公司戴密斯·哈萨比斯领衔的团队开发。其主要工作原理是"深度学习"。

1. 阿尔法围棋的运行方式

阿尔法围棋为了应对围棋的复杂性，结合了监督学习和强化学习的优势。它通过训练形成一个策略网络（Policy Network），将棋盘上的局势作为输入信息，并对所有可行的落子位置生成一个概率分布。然后，训练出一个价值网络（Value Network）对自我对弈进行预测，以-1（对手的绝对胜利）到 1（阿尔法围棋的绝对胜利）的标准，预测所有可行落子位置的结果。这两个网络都十分强大，而阿尔法围棋将这个种网络整合进基于概率的蒙特卡罗树搜索（MCTS）中，实现了它真正的优势。

2. 阿尔法围棋与深度学习的关系

阿尔法围棋是一款围棋人工智能程序。其主要工作原理是"深度学习"。"深度学习"是指多层的人工神经网络和训练它的方法。一层神经网络会把大量矩阵数字作为输入，通过非线性激活方法取权重，再产生另一个数据集合作为输出。这就像生物神经大脑的工作机理一样，通过合适的矩阵数量，多层组织链接在一起，形成神经网络"大脑"进行精准复杂的处理，就像人类识别物体标注图片一样。

阿尔法围棋的胜利成为人工智能发展道路上的一座里程碑，一方面激发了人们对人工智能的兴趣，让更多人想去了解人工智能；而另一方面也造成了一定程度的恐慌，产生人工智能是否将取代人类的疑问。其实，这是大可不必担心的问题，因为人工智能现在还处于初级阶段，并且围棋是一项计算类的娱乐项目，在计算能力方面，人和计算机相比其结果是显而易见的。阿尔法围棋的出现再一次加速了人工智能的发展。

4.2 卷积神经网络

卷积神经网络（Convolutional Neural Networks，CNN）是一类包含卷积计算且具有深度结构的前馈神经网络（Feedforward Neural Networks），是深度学习的代表算法之一。卷积神经网络具有表征学习（Representation Learning）能力，能够按其阶层结构对输入信息进行平移不变分类（Shift-Invariant Classification），因此也被称为"平移不变人工神经网络"（Shift-Invariant Artificial Neural Networks，SIANN）。

⊙ 4.2.1 卷积神经网络的结构

卷积神经网络可以按照不同的阶层结构对提取的信息进行分类处理，其主要结构分为输入层、隐含层（包含卷积层、池化层和全连接层）和输出层三个层次。输入层可以处理多维数据，但其中的数据要进行标准化处理，一般是将各种不同的数据进行归一化处理。卷积层和池化层是卷积神经网络所特有的结构，其中，卷积层可以对输入的信息进行精准提取，然后完成对信息的处理；池化层通常用于保留主要的特征，同时减少下一层的计算量和参数，一般来说有最大池化和平均池化。全连接层常简称为 FC，全连接层 FC 之后看起来就是普通的 NN。连接层实际就是卷积核大小为上层特征图大小的卷积计算，卷积后的结果为一个节点，就对应全连接层的一个点。如图 4-13 所示为卷积神经网络基本结构举例。

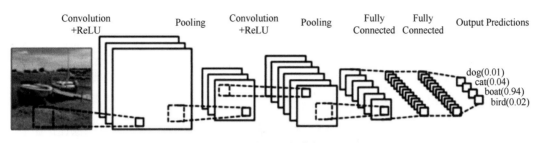

图 4-13　卷积神经网络基本结构举例

1. 卷积神经网络的基本结构

卷积神经网络是由加拿大多伦多大学 LeCun 教授提出的，最早的卷积神经网络是作为分类器使用的，主要用于图像识别。本节主要介绍卷积神经网络的基本结构。

卷积神经网络基本结构如图 4-14 所示。卷积神经网络是一个层次模型，主要包括输入层、卷积层、池化层、全连接层及输出层。卷积神经网络专门针对图像而设计，主要特点在于卷积层的特征是由前一层的局部特征通过卷积共享的权重得到的。在卷积神经网络中，输入图像通过多个卷积层和池化层进行特征提取，逐步由低层特征变为高层特征；高层特征再经过全连接层和输出层进行特征分类，产生一维向量，表示当前输入图像的类别。因此，根据每层的功能，卷积神经网络可以划分为两个部分：由输入层、卷积层和池化层构成的特征提取器，以及由全连接层和输出层构成的分类器。

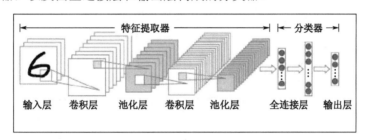

图 4-14　卷积神经网络的基本结构

假定卷积神经网络有 L 层，第 l 层的特征由 x^l 表示，$l=1,\cdots,L-1$。在卷积层和池化层，特征 x^l 由多个特征图 x^l_j 组成，表示为 $x^l=\{x^l_1,\cdots,x^l_M\}$；在全连接层，特征 $\boldsymbol{x}^l$ 为向量，表示为 $\boldsymbol{x}^l=(x^l_1,\cdots,x^l_M)^{\mathrm{T}}$，$N^l$ 为第 l 层的特征图个数或者特征个数。

输入层的作用在于接收输入图像，输入层的大小与输入图像的大小一致。如果卷积神经网络的输入是彩色图像，那么输入层的特征表示为 $x_1=\{x_{11},x_{21},x_{31}\}$，其中 x_{11}、x_{21} 和 x_{31} 分别表示彩色图像 R、G、B 三个通道的数据。由于卷积神经网络特征提取的稳健性［稳健性（Robustness）是在异常和危险情况下系统生存的关键。比如，计算机软件在输入错误、磁盘故障、网络过载或有意攻击情况下，能否不死机、不崩溃，就是该软件的稳健性］较好，所以可以不对输入图像进行预处理。卷积层的作用是运用卷积操作提取特征，卷积层越多，特征的表达能力越强。如果第 l 层为卷积层，那么可以通过以下公式计算该层的特征图：

$$x_j^l = f(\sum_{i=1}^{Nl-1} G_{i,j}^l (k_{i,j}^l \otimes x_i^{l-1}) + b_j^l x_j^l \,(j=1, \cdots, Nl) \tag{1}$$

式中：$k_{i,j}^l$ 和 b_j^l 分别表示卷积核和卷积层的偏移量；运算符号 $\otimes$ 表示卷积操作；G^l 表示该卷积层与前一层特征图之间的连接矩阵，如果 $G_{i,j}^l$ 为 1，那么特征图 xi^{l-1} 与特征图 x_j^l 相关联，如果 $G_{i,j}^l$ 为 0，那么 x_i^{l-1} 与 x_j^l 无关联；函数 $f(x)$ 表示非线性激活函数。常用的非线性激活函数包括 sigmoid 函数和 tanh 函数，具体公式如下：

$$\tanh(x) = \frac{e^x - e^{-x}}{e^x + e^{-x}} \tag{2}$$

由式（1）可以看出，卷积层单个特征图的计算方式可以分为三个步骤：①不同的卷积核与前一层的特征图进行卷积；②累加相关联的卷积结果及偏移量；③累加结果通过非线性激活函数获得一张卷积层的特征图。

池化层通常设置在卷积层之后，通过对特征图的局部区域进行池化操作，使特征具有一定的空间不变性。如果第 $l+1$ 层为池化层，那么，可以通过以下公式计算该层的特征图：

$$x_j^{l+1} = p(x_j^l)\ x_j^l + (j=1, \cdots, Nl) \tag{3}$$

式中：$p(x)$ 表示池化操作。常用的池化操作有均值池化和最大值池化。池化层具有类似于特征选择的功能，根据一定规则从卷积层特征图的局部区域计算出重要的特征值。通常情况下，池化层会无重叠地选择局部区域，因此，池化操作降低了特征维度，同时保证了特征具有抗形变的能力。由式（3）可以看出，池化层与卷积层的特征图是一一对应的，因此，池化层的特征图个数与卷积层的特征图个数一致，即 $Nl+1=Nl$。

全连接层位于特征提取之后，将前一层的所有神经元与当前层的每个神经元相连接。全连接层会根据输出层的具体任务，有针对性地对高层特征进行映射。如果第 l 层为全连接层，并且前一层也为全连接层，那么第 l 层特征向量 x_l 的计算公式为：

$$\boldsymbol{x}^l = f(w^l x^{l-1} + b^l) \tag{4}$$

式中：w_l 和 b_l 表示全连接层的权重和偏移量；函数 $f(x)$ 表示非线性激活函数，选用 sigmoid 函数或者 tanh 函数。如果第 l 层为全连接层，并且前一层为卷积层或者池化层，那么第 l 层的特征向量有两种计算方式：①先将卷积层或者池化层中所有特征图排列成特征向量，再按式（4）计算全连接层的特征向量；②将全连接层看成特征图大小为 1×1 的卷积层，特征图的个数等于全连接层神经元的个数，那么每个特征图的计算公式为：

$$x_j^l = f(\sum_{i=1}^{Nl-1} k_{i,j}^l \otimes x_i^{l-1} + b_j^l) \tag{5}$$

式中：卷积核 $K_{i,j}^l$ 与特征图 x_j^{l+1} 大小相同。

输出层的形式面向具体任务。如果将卷积神经网络作为分类器使用，输出层采用 Softmax 回归，产生一个图像类别的预测向量 $y=(y_1, \dots, y_M)^T$，其中，M 表示类别的个数。预测向量中每个分量 y_i 的计算方式为：

$$y_i = e^{-w_i^L x^{L-1}} / \sum_{j=1}^{M} e^{-w_j^L x^{L-1}} \tag{6}$$

式中：w_i^L 为 Softmax 回归的权重，$i=1,\cdots,M$。

2. 卷积神经网络的性质

1）连接性

卷积神经网络中，卷积层间的连接被称为稀疏连接（Sparse Connection），即相比于前馈神经网络中的全连接，卷积层中的神经元仅与其相邻层的部分神经元，而非全部神经元相连。具体地，卷积神经网络第 l 层特征图中的任意一个像素（神经元）都仅是 L-1 层中卷积核所定义的感受野（一个神经元所反应（支配）的刺激区域就叫作神经元的感受野）内的像素的线性组合。卷积神经网络的稀疏连接具有正则化的效果，提高了网络结构的稳定性和泛化能力，避免过度拟合，同时，稀疏连接减少了权重参数的总量，有利于神经网络的快速学习和在计算时减少内存开销。

卷积神经网络中特征图同一通道内的所有像素共享一组卷积核权重系数，该性质被称为权重共享（Weight Sharing）。权重共享将卷积神经网络和其他包含局部连接结构的神经网络相区分，后者虽然使用了稀疏连接，但不同连接的权重是不同的。权重共享和稀疏连接一样，减少了卷积神经网络的参数总量，并具有正则化的效果。

在全连接网络视角下，卷积神经网络的稀疏连接和权重共享可以被视为两个无限强的先验（Pirior），即一个隐含层神经元在其感受野之外的所有权重系数恒为零（但感受野可以空间移动）；并且在一个通道内，所有神经元的权重系数相同。

2）表征学习

作为深度学习的代表算法，卷积神经网络具有表征学习能力，即能够从输入信息中提取高阶特征。具体地，卷积神经网络中的卷积层和池化层能够响应输入特征的平移不变性，即能够识别位于空间不同位置的相近特征。能够提取平移不变特征是卷积神经网络在计算机视觉问题中得到应用的原因之一。

平移不变特征在卷积神经网络内部的传递具有一般性的规律。在图像处理问题中，卷积神经网络前部的特征图通常会提取图像中有代表性的高频和低频特征；随后经过池化的特征图会显示出输入图像的边缘特征（Aliasing Artifacts）；当信号进入更深的隐含层后，其更一般、更完整的特征会被提取。反卷积和反池化（un-pooling）可以对卷积神经网络的隐含层特征进行可视化。一个成功的卷积神经网络中，传递至全连接层的特征图会包含与学习目标相同的特征，如图像分类中各个类别的完整图像。

3. 生物学相似性

卷积神经网络中基于感受野设定的稀疏连接有明确对应的神经科学过程——视觉神经系统中视觉皮层（Visual Cortex）对视觉空间（Visual Space）的组织。视觉皮层细胞从视网膜上的光感受器接收信号，但单个视觉皮层细胞不会接收光感受器的所有信号，而是只接受其所支配的刺激区域，即感受野内的信号。只有感受野内的刺激才能够激活该神经元。多个视觉皮层细胞通过系统地将感受野叠加，完整接收视网膜传递的信号，并建立视觉空间。事实上，机器学习的"感受野"一词即来自其对应的生物学研究。卷积神经网络中的权重共享的性质在生物学中没有明确论证，但在对与大脑学习密切相关的目标传播和反馈调整机制的研究中，权重共享提升了学习效果。

⊙ 4.2.2 经典网络模型和应用

卷积神经网络是一种特殊的、深层的神经网络，广泛应用于视觉图像识别领域。卷积神经网络是将人工神经网络和深度学习技术相结合而产生的一种新型人工神经网络方法，具有局部感受区域、层次结构化、特征提取和分类过程结合的全局训练的特点，所以对于图像的局部有着相对于准确的识别能力。

常见的几种卷积神经网络的模型有 LeNet、AlexNet、VGGNet、ResNet 等。

1. LeNet

LeNet 诞生于 1994 年，由深度学习三巨头 Yoshua Bengio，Yann LeCun，Geoffrey Hinton 之一的 Yann LeCun 提出，他也被称为"卷积神经网络之父"。LeNet 主要用来进行手写字符的识别与分类，准确率达到了 98%，并在美国的银行中投入了使用，被用于读取北美约 10%的支票。LeNet 奠定了现代卷积神经网络的基础。LeNet 网络结构如图 4-15 所示。

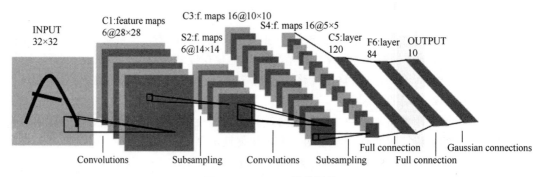

图 4-15　LeNet 网络结构

图 4-15 是一个六层网络结构：三个卷积层，两个下采样层，一个全连接层（图中，C 代表卷积层，S 代表下采样层，F 代表全连接层）。其中，C5 层也可以看作一个全连接层，因为 C5 层的卷积核大小和输入图像的大小一致，都是 5×5。每个卷积层包括三个部分：卷积、池化和非线性激活函数（sigmoid 激活函数）；使用卷积提取空间特征；降采样层采用平均池化等。

2. AlexNet

AlexNet 是由 Hinton 的学生 Alex Krizhevsky 于 2012 年提出的，并在当年取得了 Imagenet 比赛冠军。AlexNet 可以算是 LeNet 的一种升级版本，它证明了卷积神经网络在复杂模型下的有效性，算是神经网络在低谷期的第一次发声，确立了深度学习，或者说确立卷积神经网络在计算机视觉中的统治地位。同时，AlexNet 有着明显的特点：使用两块 GPU 并行加速训练，大大降低了训练时间；成功使用 ReLU 作为激活函数，解决了网络较深时的梯度弥散问题；使用数据增强、Dropout 和 LRN 层来防止网络过拟合，增强模型的泛化能力等。

3. VGGNet

（1）VGGNet 的常用网络结构之一如图 4-16 所示，VGGNet 是牛津大学计算机视觉组和 Google DeepMind 公司一起研发的深度卷积神经网络，并取得了 2014 年 Imagenet 比赛定位项目第一名和分类项目第二名。该网络的特点主要是泛化性能很好，容易迁移到其他图像识别项目上，可以下载 VGGNet 训练好的参数进行很好的初始化权重操作，很多卷积神经网络都是以该网络为基础的，如 FCN，UNet，SegNet 等。VGG 版本很多，常用的是VGG16、VGG19 网络。

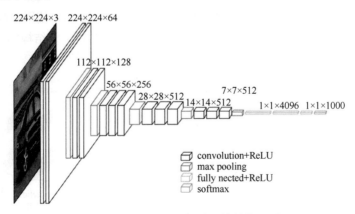

图 4-16 VGG16 的网络结构

图 4-16 中，VGG16 的网络结构共 16 层（不包括池化和 softmax 层），所有的卷积核都

使用 3×3 的大小，池化都使用大小为 2×2，步长为 2 的最大池化，卷积层深度依次为 64->128->256->512->512。

（2）VGGNet 网络结构有着和 AlexNet 相似的特点，但也有不同之处，不同之处在于 VGGNet 把网络层数加到了 16～19 层（不包括池化和 softmax 层），而 AlexNet 是 8 层结构。将卷积层提升到卷积块的概念。卷积块由 2～3 个卷积层构成，使网络有更大感受野的同时能降低网络参数，同时多次使用 ReLU 激活函数，有更多的线性变换，学习能力更强；在训练时和预测时，使用 Multi-Scale 做数据增强。训练时将同一张图片缩放到不同的尺寸，再随机剪裁到 224×224 的大小，能够增加数据量。预测时将同一张图片缩放到不同尺寸做预测，最后取平均值。

4．ResNet

ResNet（残差神经网络）由微软研究院的何凯明等四名华人于 2015 年提出，成功训练了 152 层超级深的卷积神经网络，效果非常突出，而且容易结合到其他网络结构中。在五个主要任务轨迹中都获得了第一名的成绩，相比于第二名，ResNet 在 ImageNet 分类任务中：错误率 3.57%；在 ImageNet 检测任务中：超过第二名 16%；在 ImageNet 定位任务中：超过第二名 27%；在 COCO 检测任务中：超过第二名 11%；在 COCO 分割任务中：超过第二名 12%。

作为重量级人物，何凯明凭借 Mask R-CNN 论文获得 ICCV 2017 最佳论文，这也是他第三次斩获最佳论文，此外，他参与的另一篇论文——Focal Loss for Dense Object Detection，也被大会评为最佳学生论文。

如图 4-17 所示为 ResNet 的基本模块（专业术语叫残差学习单元），输入为 x，输出为 $F(x)+x$，$F(x)$ 代表网络中数据的一系列乘、加操作。假设神经网络最优的拟合结果输出为 $H(x)=F(x)+x$，那么神经网络最优的 $F(x)$ 为 $H(x)$ 与 x 的残差，通过拟合残差来提升网络效果。为什么转变为拟合残差就比传统卷积网络要好呢？因为训练的时候至少可以保证残差为零，保证增加残差学习单元不会降低网络性能，假设一个浅层网络达到了饱和的准确率，后面再加上这个残差学习单元，起码误差不会增加。

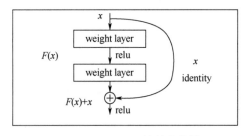

图 4-17　ResNet 的基本模块

相比于 LeNet、AlexNet、VGGNet 等网络模型，ResNet 有以下几个特点：①使得训练超级深的神经网络成为可能，避免了不断加深神经网络，准确率达到饱和的现象的出现（后来将层数增加到 1 000 层）；②输入可以直接连接到输出，使得整个网络只需要学习残差，简化学习目标和难度；③是一个推广性非常好的网络结构，容易和其他网络结合，等等。

⊙ 4.2.3　卷积神经网络的部分应用

1. 手写数字识别

Michael Nielsen 提供了一个关于深度学习和卷积神经网络的在线电子书，并且提供了手写数字识别的例子程序，可以在 GitHub 上下载。该程序使用 Python 和 NumPy，可以很方便地设计不同结构的卷积神经网络用于手写数字识别，并且使用了一个叫作 Theano 的机器学习库来实现后向传播算法和随机梯度下降法，以求解卷积神经网络的各个参数。Theano 可以在 GPU 上运行，因此可大大缩短训练过程所需要的时间。卷积神经网络的代码在 network3.py 文件中。

作为一个开始的例子，可以试着创建一个仅包含一个隐藏层的神经网络，代码如下：

```
>>> import network3
>>> from network3 import Network
>>> from network3 import ConvPoolLayer, FullyConnectedLayer,
SoftmaxLayer
>>> training_data, validation_data, test_data = network3.load_data_
shared()
>>> mini_batch_size = 10
>>> net = Network([
    FullyConnectedLayer(n_in=784, n_out=100),
    SoftmaxLayer(n_in=100, n_out=10)], mini_batch_size)
>>> net.SGD(training_data, 60, mini_batch_size, 0.1,
    validation_data, test_data)
```

该网络有 784 个输入神经元，隐藏层有 100 个神经元，输出层有 10 个神经元。在测试数据上达到了 97.80% 的准确率。

如果使用卷积神经网络，效果会不会更好呢？可以试一试包含一个卷积层、一个池化层和一个额外全连接层的结构，网络结构如图 4-18 所示。

在这个结构中，可以这样理解：卷积层和池化层学习输入图像中的局部空间结构，而后面的全连接层的作用是在一个更加抽象的层次上学习，包含了整个图像中更多的全局信息。

```
>>> net = Network([
    ConvPoolLayer(image_shape=(mini_batch_size, 1, 28, 28),
            filter_shape=(20, 1, 5, 5),
```

```
                    poolsize=(2, 2)),
        FullyConnectedLayer(n_in=20*12*12, n_out=100),
        SoftmaxLayer(n_in=100, n_out=10)], mini_batch_size)
>>> net.SGD(training_data, 60, mini_batch_size, 0.1,
        validation_data, test_data)
```

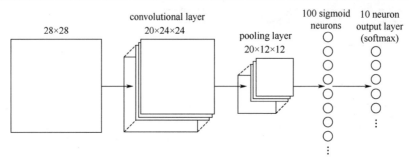

图 4-18　网络结构

这种卷积神经网络的结构达到的识别准确率为 98.78%。如果想进一步提高准确率，还可以从以下几方面考虑。

（1）再添加一个或多个卷积-池化层。

（2）再添加一个或多个全连接层。

（3）使用别的激励函数替代 sigmoid 函数。比如，Rectified Linear Units 函数，它相比于 sigmoid 函数的优势主要是使训练过程更加快速。

（4）使用更多的训练数据。Deep Learning 因为参数多而需要大量的训练数据，如果训练数据少，可能无法训练出有效的神经网络。通常可以通过一些算法在已有的训练数据的基础上产生大量的相似的数据用于训练。例如，可以将每一个图像平移一个像素，向上平移、向下平移、向左平移或向右平移都可以。

（5）使用若干个网络的组合。创建若干个相同结构的神经网络，参数随机初始化，训练以后测试时通过它们的输出做一个投票以决定最佳的分类。其实这种 Ensemble 的方法并不是神经网络特有的，其他的机器学习算法也用这种方法来提高算法的稳健性。

2．ImageNet 图像分类

Alex Krizhevsky 等人 2012 年的文章"ImageNet classification with deep convolutional neural networks"对 ImageNet 的一个子数据集进行了分类。ImageNet 一共包含 1 500 万张有标记的高分辨率图像，包含 22 000 个种类。这些图像是从网络上搜集的，并且由人工进行标记。从 2010 年开始，有一个 ImageNet 的图像识别竞赛叫作 ILSVRC（ImageNet Large Scale Visual Recognition Challenge）。ILSVRC 使用了 ImageNet 中的 1 000 种图像，每一种

大约包含 1 000 个图像，总共有 120 万张训练图像，5 万张验证图像（Validation Images）和 15 万张测试图像（Testing Images）。该文章的方法错误率仅为 15.3%，而排名第二的方法的错误率是 26.2%。

卷积神经网络结构如图 4-19 所示，这个结构中使用了七个隐藏层，前五个是卷积层（有些使用了 MaxPooling），后两个是全连接层。输出层是有 1 000 个单元的 softmax 层，分别对应 1 000 个图像类别。

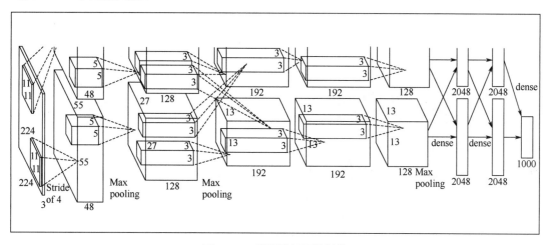

图 4-19 卷积神经网络结构

该卷积神经网络使用了 GPU 进行计算，但由于单个 GPU 的容量限制，需要使用两个 GPU（GTX 580，分别有 3GB 显存）才能完成训练。

该文章中为了防止过度拟合，采用了两个方法。一是人工生成更多的训练图像，如将已有的训练图像进行平移或者水平翻转，根据主成分分析改变其 RGB 通道的值等，通过这种方法使训练数据扩大了 2 048 倍。二是采用 Dropout 技术。Dropout 将隐藏层中随机选取的一半的神经元的输出设置为零，通过这种方法可以加快训练速度，也可以使结果更稳定。

输入图像的大小是 $224 \times 224 \times 3$，感知域的大小是 $11 \times 11 \times 3$。第一层中训练得到的 96 个卷积核如图 4-20 所示。前 48 个是在第一个 GPU 上学习到的，后 48 个是在第二个 GPU 上学习到的。

图 4-20 所得卷积核

3. 医学图像分割

Adhish Prasoon 等人在 2013 年的文章"Deep feature learning for knee cartilage segmentation using a triplanar convolutional neural network"中，用卷积神经网络来做 MRI 中膝关节软骨的分割。传统的卷积神经网络是二维的，如果直接扩展到三维则需要更多的参数，网络更复杂，需要更长的训练时间和更多的训练数据。而单纯使用二维数据则没有利用到三维特征，可能导致准确率下降。为此，Adhish Prasoon 等人采用了一个折中方案：使用三个 2D 平面的卷积神经网络，并把它们结合起来。2D 平面 CNN 结合原理如图 4-21 所示。

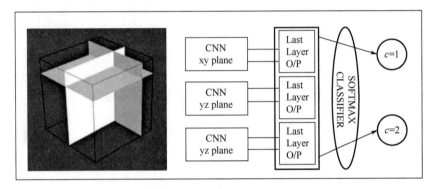

图 4-21　2D 平面 CNN 结合原理

三个 2D 平面的卷积神经网络分别负责对平面做处理，它们的输出通过一个 softmax 层连接在一起，产生最终的输出。该文章采用了 25 个病人的图像作为训练数据，每个三维图像中选取 4 800 个体素，一共得到 12 万个训练体素。与传统的从三维图像中人工提取特征的分割方法相比，该方法在精度上有明显的提高，并且缩短了训练时间。

卷积神经网络在本质上是一种输入到输出的映射，它能够学习大量的输入与输出之间的映射关系，而不需要任何输入和输出之间的精确的数学表达式，只要用已知的模式对卷积网络加以训练，网络就具有输入输出对之间的映射能力。

卷积神经网络的一个非常重要的特点就是头重脚轻（输入权值越小，输出权值越多），呈现出一个倒三角的形态，这就很好地避免了 BP 神经网络中反向传播的时候梯度损失得太快的问题。

卷积神经网络主要用来识别位移、缩放及其他形式扭曲不变性的二维图形。它以其局部权值共享的特殊结构在语音识别和图像处理方面有着独特的优越性，其布局更接近于实际的生物神经网络，权值共享降低了网络的复杂性，特别是多维输入向量的图像可以直接输入网络这一特点使特征提取和分类过程中数据重建的复杂度降低。

4.3 循环神经网络

循环神经网络（Recurrent Neural Network，RNN）是一类以序列数据为输入，在序列的演进方向进行递归（Recursion）且所有节点（循环单元）按链式连接的递归神经网络（Recursive Neural Network）。

4.3.1 循环神经网络的结构

循环神经网络是深度学习领域中一类特殊的内部存在自连接的神经网络，可以学习复杂的矢量到矢量的映射。关于循环神经网络的研究最早是由霍普菲尔德提出的霍普菲尔德神经网络模型，其拥有很强的计算能力，并且具有联想记忆功能，但因其实现较困难而被后来的其他人工神经网络和传统机器学习算法所取代。Jordan 和 Elman 分别于 1986 年和 1990 年提出循环神经网络框架，称为简单循环网络（Simple Recurrent Network，SRN），被认为是目前广泛流行的循环神经网络的基础版本，之后不断出现的更加复杂的结构均可认为是其变体或者扩展。循环神经网络已经被广泛用于各种与时间序列相关的任务中。

1. 循环神经网络结构

1）循环神经网络模型结构

循环神经网络结构如图 4-22 所示，我们可以看到循环神经网络层级结构较之于卷积神经网络来说比较简单，它主要由输入层、隐含层、输出层组成，并且会发现在隐含层中有一个箭头表示数据的循环更新，这个就是实现时间记忆功能的方法。

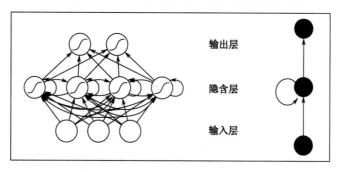

图 4-22　循环神经网络结构

如图 4-23 所示为隐含层的层级展开图。$t-1,t,t+1$ 表示时间序列。x 表示输入的样本。S_t 表示样本在时间 t 处的的记忆，$S_t=f(W*S_{t-1}+U*X_t)$。W 表示输入的权重。U 表示此刻输入的样本的权重。V 表示输出的样本权重。

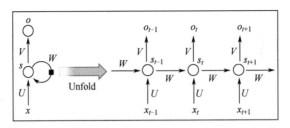

图 4-23　隐含层的层级展开图

在 $t=1$ 时刻，一般初始化输入 $S_0=0$，随机初始化 W、U、V 进行下面的公式计算：

$$h_2 = Ux_2 + Ws_1$$
$$s_2 = f(h_2)$$
$$o_2 = g(Vs_2)$$

式中，f 和 g 均为激活函数。f 可以是 tanh、relu、sigmoid 等激活函数，g 通常是 softmax 函数，也可以是其他函数。

时间向前推进，此时的状态 s_1 作为时刻 1 的记忆状态，参与下一个时刻的预测活动，也就是：

$$h_2 = Ux_2 + Ws_1$$
$$s_2 = f(h_2)$$
$$o_2 = g(Vs_2)$$

以此类推，得到最终的输出值为：

$$h_t = Ux_t + Ws_{t-1}$$
$$s_t = f(h_t)$$
$$o_t = g(Vs_t)$$

注意：（1）这里的 W,U,V 在每个时刻都是相等的(权重共享)。

（2）隐藏状态可以理解为：$s=f$(现有的输入+过去记忆总结)。

2）卷积层的反向传播

假如输入为一张单通道的图像：x。

卷积核大小为：2×2。

输出为：y。

为了加速计算，首先将 x 按卷积核滑动顺序依次展开，传播过程如图 4-24 所示。其中 $\tilde{x}$ 中的第一行代表 x 中的第一行的展开后的结果，将 x 依次按照此方式展开，可得 $\tilde{x}$。同理可得 $\tilde{w}$，然后通过矩阵相乘可得到输出 $\tilde{y}$（$\tilde{y}$ 和 y 等价）。这时，已经将卷积神经网络转化为 FC，与反向传播算法完全一致。

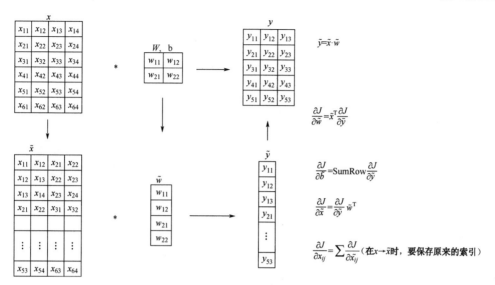

$$\tilde{y}=\tilde{x}\cdot\tilde{w}$$

$$\frac{\partial J}{\partial \tilde{w}}=\tilde{x}^{\mathrm{T}}\frac{\partial J}{\partial \tilde{y}}$$

$$\frac{\partial J}{\partial \tilde{b}}=\mathrm{SumRow}\frac{\partial J}{\partial \tilde{y}}$$

$$\frac{\partial J}{\partial \tilde{x}}=\frac{\partial J}{\partial \tilde{y}}\tilde{w}^{\mathrm{T}}$$

$$\frac{\partial J}{\partial x_{ij}}=\sum\frac{\partial J}{\partial \tilde{x}_{ij}}\text{（在}x\rightarrow\tilde{x}\text{时，要保存原来的索引）}$$

图 4-24 传播过程

当有 N 个样本，做一个 batch 训练，即 channel=N 时，前向与反向传播方式如图 4-25 和图 4-26 所示。

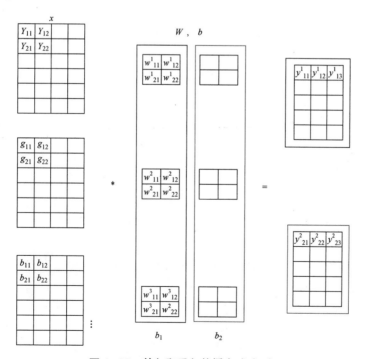

图 4-25 前向和反向传播方式（1）

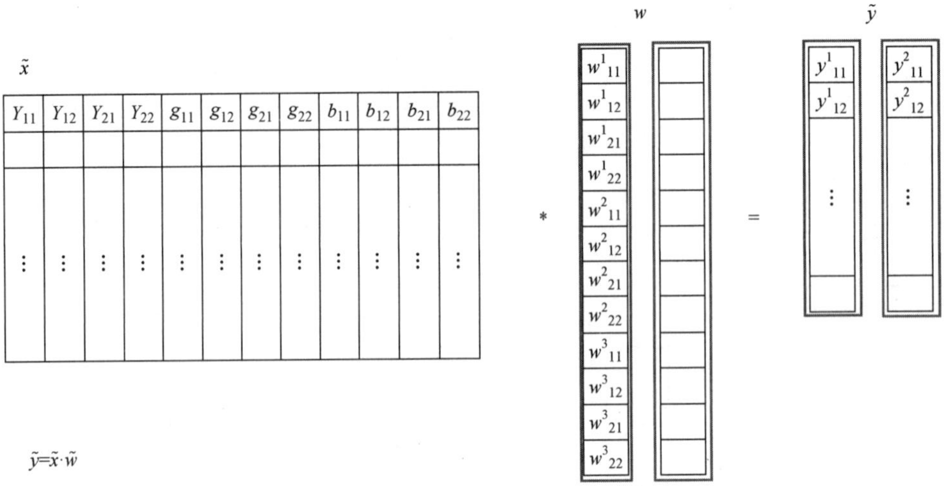

$$\tilde{y}=\tilde{x}\cdot\tilde{w}$$

$$\frac{\partial J}{\partial \tilde{w}}=\tilde{x}^T\frac{\partial J}{\partial \tilde{y}}$$

$$\frac{\partial J}{\partial \tilde{b}}=\text{SumRow}(\frac{\partial J}{\partial \tilde{y}}) \qquad \frac{\partial J}{\partial \tilde{x}}=\frac{\partial J}{\partial \tilde{y}}\tilde{w}^T$$

图 4-26　前向和反向传播方式（2）

其中，输入图像 channel=3，使用两个 2×2×3 的卷积核，输出两张图像，如图 4-25 中前向传播方式所示。两个输出框代表的是卷积核及使用该卷积核得到的输出图像，当输出图像为一个 batch 时，x，w 的转化方式如图 4-26 所示，首先将展开后的矩阵在行方向级联。

2. 卷积神经网络的发展趋势

目前，对于循环神经网络的改进有很多，这些技术大多都是基于 LSTM 的扩展。这些改进的工作，可能会在未来几年的深度学习领域中发挥重要作用。

1）网络结构的探究

越来越多的任务需要处理序列数据，循环神经网络是一个非常强大的用于序列建模的神经网络，在深度学习领域占据非常重要的地位。LSTM 是隐藏单元加入复杂门控机制的循环网络架构，由于其能够保持数据中的长期依赖，因此在实际应用中得到广泛的使用。自 LSTM 被提出以来，关于其变体结构就不断涌现。虽然 LSTM 已经在许多领域取得了优异的成果，但是还有一些值得思考的问题。例如，虽然 LSTM 确实可以解决梯度消失问题，但是其中各个组件的作用难以证明。在这些复杂的组件中，到底哪些计算组件是必不可少的?很多研究工作基于该目的出发，探究 LSTM 中每个组件的作用，获取更多的可解释性，并试图寻找更优的架构。Jozefowicz 等对 LSTM 架构展开评估，进行了全面的架构搜索，得到的三个优秀架构都和 GRU 类似；发现 GRU 可以作为 LSTM 的一种替代，并且几乎在所有任务上的表现都优于 LSTM；同时还开展了额外的实验来探究 LSTM 中各组件的重要性，发现输出门是不重要的，输入门和遗忘门是重要的；并且还提到了关于 LSTM 讨论中的另外一个重要的技术细节，即当遗忘门的偏置设置为 1 时，可以提高 LSTM 的性能。Greff 等也将 LSTM 的变体在各个数据集中进行比较，使用了八种可能的修改方案，但是并没有哪一种修改方案可以显著提高 LSTM 的性能。

2）混合的神经网络

在大多数的实际任务中，循环网络模型通常使用双向结构或者深层网络来提高模型的表现能力，也有很多尝试将其他网络和循环神经网络进行结合以取得更好的效果。

（1）卷积神经网络和 LSTM 结合

在自然语言处理领域，Li 等将卷积神经网络和 BLSTM 结合，用于电影推荐中的情感分析。Zhou 等提出 C-LSTM（Convolutional-LSTM）用于分类任务，卷积神经网络能够提取局部特征，LSTM 能够获取整个句子的表示，捕获特征序列上的长期依赖。其他领域中，Tsironi 等提出卷积长短期记忆网络（Convolutional Long Short-TermMemory Recurrent Neural Network，CNNLSTM），将卷积神经网络和 LSTM 结合用于手势识别，并且通过对比实现证明卷积长短期记忆网络的表现比单独只使用卷积神经网络或者 LSTM 的效果更好。Donahue 等将卷积长短期记忆网络用于计算机视觉中的识别和描述。

（2）引入 Attention 机制

人们在观察和思考的过程中，目光总会随着感兴趣的区域移动。Attention 机制正是受到这种思想的启发，已经在图像识别、语言翻译等任务中使用，来提升模型的表现能力。He 等在混合的网络（卷积神经网络和 BLSTM）中加入 Attention，提取文档的语义特征。Wang 等使用基于 Atttention 的 LSTM 进行情感分类，Attention 机制可以关注句子的不同成分。Liu 等在 LSTM 中加入 Attention 进行三维动作识别，LSTM 可以对动态序列数据建模并且保持数据中的依赖，但是在动作分析中并不需要所有的关节点，不相关的关节点反而会带来很多噪声，Attention 机制可以更多地关注提供有用信息的关节点。

除此之外，还有一些工作通过将其他网络和循环结构网络结合来获得更好的表现。例如，Zhao 等将 LSTM-Autoencoders 用于人脸识别，Lee 等提出 LSTM-CRF（LSTM Conditional Random Field）用于命名实体识别。

3）加速计算和新的变体

如何加速循环结构网络的计算仍然是一个值得探究的课题，Graves 提出 ACT（Adaptive Computation Time）算法。该算法允许循环网络能够学习到在输入到输出之间需要使用多少计算步骤。Kalchbrenner 等对 LSTM 进行改进，提出的 Grid LSTM 能够接受更高维度的输入。Bouaziz 等提出 PLSTM（Parallel LSTM）可以用于并行序列分类。Ghosh 等提出的 CLSTM（Contextual LSTM）在自然语言处理领域的相关任务中获得了不错的表现。

⊙ 4.3.2 循环神经网络的应用

循环神经网络是目前深度学习最有前景的工具之一，它解决了传统神经网络不能从数据中共享位置的问题。在人工智能的高速发展的历程中，在多个方面都有涉及循环神经网络的部分应用。

1. 情感分析（Sentiment Analysis）（多对一）

如图 4-27 所示，首先输入一个句子，输出对于这句话的情感的分析。

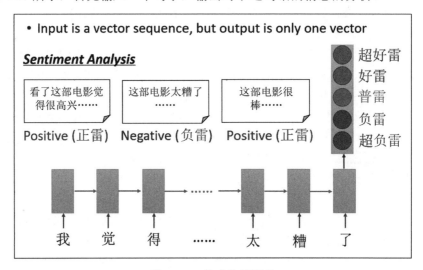

图 4-27　情感分析原理

然后把中间的隐含层拿出来，可能后续还需要一些其他的处理转化，得到最后的情感结果。

2. 提取关键词（多对一）

给机器看一些文章，然后机器自动提取出其中的关键词，提取原理如图 4-28 所示。

机器将文本首先输入输入层之后再输入循环神经网络，将循环神经网络最后一个时刻的输出接入 attention，再将结果接入一个卷积神经网络，得到最后的结果。

3. 语音识别（Speech Recognition）（多对多）

循环神经网络也可以用于多对多的情况，在这种情况下要求输出的长度小于输入的长度，而语音识别就是这样一个例子，语音识别过程如图 4-29 所示。

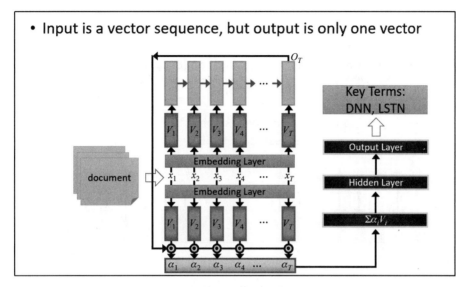

图 4-28　提取原理

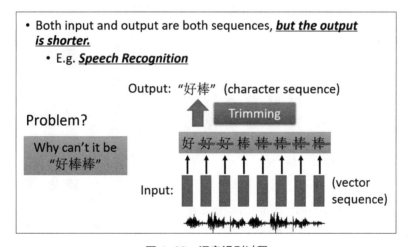

图 4-29　语音识别过程

将输入分割成小的向量，之后进行训练。在测试的过程中可能存在很多段这种小的语音对应相同字的情况，这个时候我们就将重复出现的字去掉，获得最后的结果。但是这样也会出现一个问题，即无法处理叠词。比如，语音输入为"好棒棒"，但是辨识出的文字是"好棒"，这个时候语音辨识出的结果就与实际的含义完全相反（在闽南语中，"好棒棒"与"好棒"恰好是反义词），这样，我们就需要掌握识别叠词的方法，具体的叠词识别原理如图 4-30 所示。

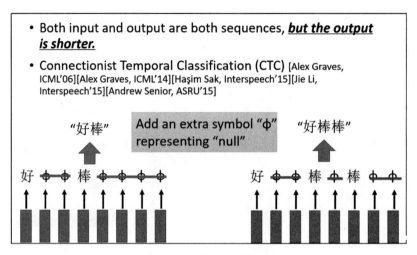

图 4-30 叠词识别原理

　　这里，将空的输出用 ϕ 表示，这样就可以区别出"好棒"与"好棒棒"，这一种方法叫 CTC。这种方法是如何进行训练的呢？叠词训练原理如图 4-31 所示。

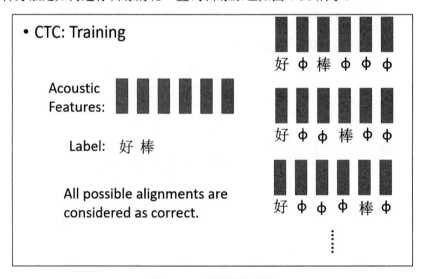

图 4-31 叠词训练原理

　　我们现在只知道这样一段语音，它对应着"好棒"，但是我们并不知道具体是哪一部分对应着"棒"，哪一部分对应着"null"，所以就穷举所有的可能，将它们一同输入进行训练，这样做看起来很麻烦，但实际上有着一个巧妙的演算法。

　　这种方法的一个具体训练演算方式如图 4-32 所示。

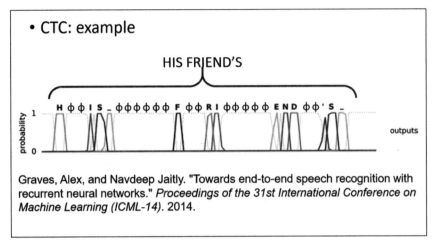

图 4-32 训练演算方式

输入是一段语音,输出是字母,如果单词之间存在着空白的部分用下划线表示,图 4-32 为输出的结果。目前,谷歌的语音辨识系统已经全面换成了这种 CTC 的形式。

4)机器翻译(Machine Translation)(多对多)

在上面的例子中,要求输出向量的长度要小于输入向量的长度,但是在机器翻译中对长度是没有要求的。机器翻译要求如图 4-33 所示。

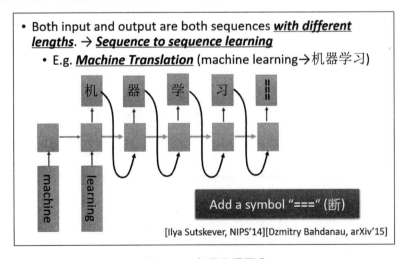

图 4-33 机器翻译要求

我们将整个句子输入循环神经网络,这个时候,最后一刻的输出就已经看完了整个句子,假设这个时候输出的是"机",然后将"机"作为下一时刻的输入,再产生"器",就这样一直执行下去,理论上它会一直执行下去,并且不知道应该在什么时间停止,所以这个时候我们就应该在输出中增加一种可能是"===",代表断,即停止的意思。

另一种机器翻译的方法是直接将语音输出,然后直接输出翻译的文字,而不需要先进行语音辨识再进行翻译,直接语音输出翻译原理示例如图 4-34 所示。

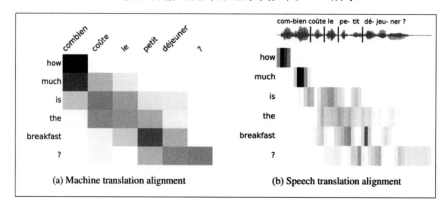

图 4-34 直接语音输出翻译原理示例

这种方法的优点在于对于某一种文字不是很完备的语种,可以直接收集语音并进行翻译,在搜集数据的时候比较方便。

5. 句法分析(Syntactic parsing)

使用循环神经网络同样可以实现句法分析,具体句法分析原理如图 4-35 所示。

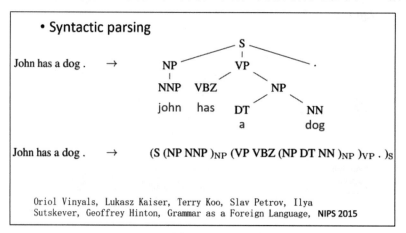

图 4-35 句法分析原理

我们将一句话的句法树表示为向量形式,直接利用循环神经网络进行训练,可以完成句子的句法分析。

6．文本自编码

如果我们使用 bagofword 的方法，往往没有办法得到句子的含义，bagofword 方式自编码如图 4-36 所示。

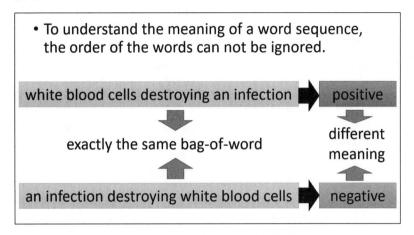

图 4-36 bagofword 方式自编码

两个句子的 bagofword 完全相同，却可能有着完全相反的意思，为了解决这种问题，需要提取出句子的语义，采用如图 4-37 所示的文本自编码的方法。

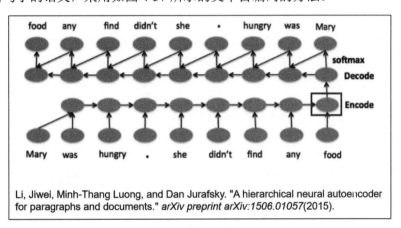

图 4-37 文本自编码结构

这样 encode 中就包含了句子中的重要含义，也就可以很好地区别上面这两个句子了。它也可以使用如图 4-38 所示的网络分层结构。

在这种网络中，它首先将单词变成 encodeword，然后转成句子的编码，最后一路解码回去。

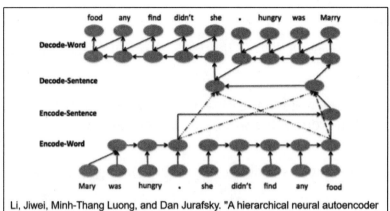

Li, Jiwei, Minh-Thang Luong, and Dan Jurafsky. "A hierarchical neural autoencoder for paragraphs and documents." *arXiv preprint arXiv:1506.01057*(2015).

图 4-38　网络分层结构

循环神经网络是一类功能强大的人工神经网络算法，其模型是目前人工神经网络中应用最为广泛的一类模型，特别适用于处理声音、时间序列（传感器）数据或书面自然语言等序列数据。由此可以看出，循环神经网络在人工智能的快速发展中起到了重要作用。

4.4　生成对抗网络

生成对抗网络（Generative Adversarial Networks，GAN）是 Goodfellow 等人在 2014 年提出的一种新的生成式模型。生成对抗网络独特的对抗性思想使得它在众多生成器模型中脱颖而出，被广泛应用于计算机视觉（CV）、机器学习（ML）、语音处理（AS）等领域。

⊙ 4.4.1　了解生成对抗网络的原理

生成对抗网络启发自博弈论中的二人零和博弈，由 Goodfellow 等人开创性地提出，它包含一个生成模型（Generative model，G）和一个判别模型（Discriminative model，D）。根据生成模型捕捉样本数据的分布，判别模型是一个二分类器，用于判别输入数据是否真实。这个模型的优化过程属于二元极小极大博弈问题（Minimaxtwo-playergame）。该模型训练时，固定一方，更新另一方的参数，交替迭代，使得对方的错误最大化。最终，G 能估测出样本数据的分布。

1. 生成对抗网络的网络结构

生成对抗网络的网络结构由生成网络和判别网络组成，模型结构如图 4-39 所示。生成器 G 接收随机变量 z，生成假样本数据 $G(z)$。生成器的目的是尽量使得生成样本和真实样本一样。判别器 D 的输入由两部分组成，分别是真实数据 x 和生成器生成的数据 $G(x)$，其输出通常是一个概率值，表示 D 认定输入是真实分布的概率，若输入来自真实数据，则输出 1，否则输出 0。同时判别器的输出会反馈给 G，用于指导 G 的训练。理想情况下，D 无法判别输入数据是来自真实数据 x，还是来自生成数据 $G(z)$，即 D 每次的输出概率值都为 1/2（相当于随机猜），此时模型达到最优。在实际应用中，生成网络和判别网络通常用深层神经网络来实现。

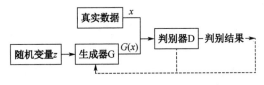

图 4-39　生成对抗网络模型结构示意图

生成对抗网络的思想来自博弈论中的二人零和博弈，生成器和判别器可以看作博弈中的两个玩家。在模型训练的过程中，生成器和判别器会各自更新自身的参数，使得损失最小，通过不断迭代优化，最终达到一个纳什均衡状态，此时模型达到最优。

2. 生成网络

生成器本质上是一个可微分函数，生成器接收随机变量 z 的输入，经 G 生成假样本 $G(z)$。在生成对抗网络中，生成器对输入变量 z 基本没有限制，z 通常是一个 100 维的随机编码向量，z 可以是随机噪声或者符合某种分布的变量。理论上，生成器可以逐渐学习任何概率分布，经训练后的生成网络可以生成逼真图像，但又不是和真实图像完全一样的，即生成网络实际上是学习了训练数据的一个近似分布，这在数据增强应用方面尤为重要。

3. 判别网络

判别器同生成器一样，其本质上也是可微分函数，在生成对抗网络中，判别器的主要目的是判断输入是否为真实样本，并提供反馈以指导生成器训练。判别器和生成器组成零和游戏的两个玩家，为取得游戏的胜利，判别器和生成器通过训练不断提高自己的判别能力和生成能力，游戏最终会达到一个纳什均衡状态，此时生成器学习到了与真实样本近似的概率分布，判别器已经不能正确判断输入的数据是来自真实样本还是来自生成器生成的假样本 $G(x)$，即判别器每次输出的概率值都是 1/2。

⊙ 4.4.2　部分生成对抗网络应用

生成对抗网络自 2014 年提出后，已经成为众多研究者的关注点，它不仅可用于监督、半监督和无监督学习建模，而且还可以应用到姿态估计、行人再验证、语义分割、目标检测、域自适应和图像生成等任务中。在这一节中，主要讨论生成对抗网络在图像生成中的应用，将其分为 4 类：通过随机噪声生成图像、从文本生成图像、图像到图像转换、利用交互式操控图像生成。然后总结了 4 个当前的研究热点，即可解释性、可控性、稳定性和评价生成模型。

1. 生成对抗网络的应用

1）生成对抗网络在图像生成中的应用

生成对抗网络应用于图像生成任务后取得了惊人的成果。首先是通过随机噪声生成图像。它先从随机噪声中随机采样，将该样本输入到生成器中生成图像，判别器判断所生成的图像及真实图像的真伪。根据判别器的输出来修正生成器的参数，以及调整判别器本身的参数。以此反复训练生成器和判别器。

Goodfellow 等人率先将采样的随机噪声通过多层感知机网络来生成手写体数字和人脸图像。随后 Radford 等人将随机噪声通过深度卷积神经网络来生成卧室和人脸图像。紧接着，Karras 等人从随机高斯分布中采样随机噪声，通过渐进训练的方式生成高清图像。Wu 等人提出了一种深度压缩感知框架。在此框架下，他们进一步提出了一种基于隐空间编码优化的 GANs 训练算法。

首先，对于噪声生成图像的任务，其难点是生成具有高清晰度和多样性的图像，另外就是结合模型的理论进行分析，如探究模型的稳定性及收敛性，从而设计出更好的模型。

其次是从文本生成图像。这类模型先将文本通过编码器编码为一个向量，然后将随机噪声和编码向量拼接在一起作为生成器的输入用于生成图像。文本生成图像的生成过程如图 4-40 所示，其中 E 表示编码器，z_s 表示文本经过编码器编码后的向量。

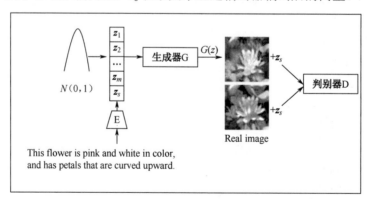

图 4-40　文本生成图像的生成过程

Reed 等人提出将文本编码为一个文本向量，然后连接高斯噪声，通过生成对抗网络来实现文本到图像的生成。Zhang 等人提出将文本通过一个级联的生成对抗网络模型来生成鸟和花的图像。Ma 等人将注意机制融入生成对抗网络中一起建模，提出 DA-GAN 模型用于文本到图像的生成。Li 等人进一步扩展了文本生成图像任务，提出了 StoryGAN 模型。他们将多个句子输入到 StoryGAN 模型，该模型可以生成与多个句子描述相符的多张图像。

针对文本生成图像的问题，研究难点是生成与文本描述符合的图像，并且这些图像是高清的、多样性的。

再次是图像到图像转换任务。它是将一个域的图像转换为另一个域的图像，如输入苹果的图像转化为橘子的图像。该任务涉及两个域或是多个域之间的图像转化。因此，这类模型含有多个生成器和判别器，图像到图像的转换如图 4-41 所示。

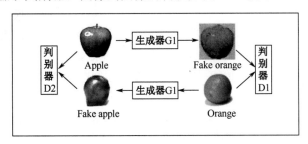

图 4-41　图像到图像的转换

利用对偶学习理论建立生成对抗网络模型，这些模型实现了从一个域的图像转化为另一个域的图像。Gan 等人利用增加辅助域的信息来提高图像转换的质量，提出了 AdGANs 模型。Lee 等针对图像转换任务中缺少对齐的训练对和单个输入图像可能有多个输出的问题，提出了一种基于解纠缠表示的方法，在没有成对训练图像的情况下产生不同的输出。Liu 等人考虑到当前的方法需要在训练时访问源和目标类中的许多图像，这将极大地限制了它们的使用。针对该问题，他们提出了少量无监督的图像迁移模型。Mao 等人针对模型坍塌问题，设计了一个距离最大化的正则项约束。将所设计的正则项约束添加到现存的 cGANs 模型中，提出了 MSGANs 模型。在语义图转化为 RGB 彩色图的过程中，以前的方法是直接将语义布局图作为输入提供给深度网络，然后通过堆叠的卷积、归一化和非线性层进行处理。在此过程中，Park 等人指出规范化层倾向于"洗去"语义信息，使得模型不能达到最优。为了解决该问题，他们提出了 SPADE 模块。

针对图像到图像的转换任务，其研究难点是跨域学习或者少样本的跨域学习，同样要求所生成的图像具有高清晰度，且生成的图像是多模态、多样性的。

最后，通过人机交互式操控图像的生成，即用户可以通过外连设备（如鼠标）操控图像的生成。比如，Bau 等人设计了一个交互式操控图像生成的系统。用户可以操控树、草、门、天空、云等的生成和删除。

Zhu 等人提出了一种利用生成对抗网络直接从数据中学习自然图像流形的方法来操控图像外观的改变。Wang 等人结合语义标签图和条件生成对抗网络来实现可交互的控制图像生成，该模型可以移除、增加目标及编辑目标的外观。

对于交互式操控图像任务，其研究难点是如何平滑操控边界区域，换句话说就是我们控制图像某一块区域改变时，如何填充该区域周围的像素，以及如何平衡局部改变区域与整张图像的一致性问题。未来，将会通过语音来操控图像的生成。这项研究具有更大的挑战，其应用前景也会更广。

2）生成对抗网络的研究热点

对于研究者而言，首先是迫切地想弄清楚生成对抗网络在生成过程中是如何运作的。目前而言，大多数研究成果都是将其视为一个黑盒子来使用。为此，研究生成对抗网络的可解释性将有利于应用的发展。

对于可解释性，直观的理解就是要弄清楚输入的哪些维度或是反卷积后的哪些特征图对应到生成图像的哪些区域或是图像中的哪些属性。研究可解释性需要借助可视化方法来判断。以数字手写体图像生成为例，从噪声中采样的 $z(z \in R_m)$ 输入到生成器中，哪些采样的维度 z_i 对应到生成数字的笔画粗细、倾斜程度等属性。

首先，针对生成对抗网络的可解释性问题，Chen 等人利用信息论中的互信息结合对抗博弈的思想进行建模，提出了 InfoGAN 模型。通过实验表明该模型可以解释采样中的某些维度，如椅子的旋转和宽度等。Bau 等人借助可视化方法、分割网络和因果关系推理，探索了生成器中的哪些特征图（或是特征图的某些区域）与生成图像的哪些区域关联，从而进一步理解了生成对抗网络的内部表示。生成对抗网络的可解释性如图 4-42 所示。

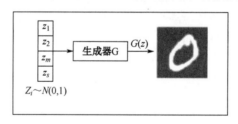

图 4-42　生成对抗网络的可解释性

其次是可控性问题。在理解了可解释性后，接下来的问题就是如何控制生成过程。这个可控性有两层含义：一是由于原始 GANs 在生成过程中，没有受到任何约束，生成的过程比较自由，为此，引入约束的思想控制生成，如条件生成对抗网络。二是通过对生成器网络结构中的某些特征图（或是特征图区域）进行消融激活处理，控制生成图像中某些目标对象的生成，如文献中提出的模型就可以控制生成图像中是否有树、草、门等目标对象。

对于可控性方面的研究，Reed 等人提出了可以控制图像中目标位置和位姿的 GAWWN 模型。该模型也可以被视为以边界框或关键点为条件的生成模型。Deng 等人认为样本的生成是以两个独立的隐变量为条件，即特定的语义及其他变化因素两个部分，为此提出了结构化的生成对抗网络模型。

再次是涉及训练过程中稳定性的问题。由于原始生成对抗网络难以收敛到 Nash 均衡点，所以研究者提出了训练稳定的模型。Arjovsky 等人利用 Earth-Mover 距离来建立模型，提出了 WGAN。在此基础上，Gulrajani 等人指出 WGAN 中权重剪切方式的弊端，进而提出了增加惩罚项的 WGAN-GP 模型，该惩罚项是关于判别器输入的梯度范数。Miyato 等人提出通过谱正则化的技术来约束判别器，使得训练过程更加稳定。Brock 等人提出应用垂直正则化到生成器中可以使其服从简单的截断技巧，以此来提高训练的稳定性，从而提高样本生成的质量。Chen 等人提出具有自调制的生成器模型。它允许生成器中间的特征图根据输入噪声向量而改变，以此来稳定训练过程。Zhou 等人从最优判别函数梯度的信息性角度研究了 GANs 的收敛性。结合 Lipschitz 条件，提出了 LipschitzGANs。

最后一个研究热点是如何评价所提出的生成模型的性能。目前，大多数评价生成对抗网络模型的方式为：将生成的图像与真实图像分别输入到特征提取器（深度神经网络）中，然后分别得到生成图像和真实图像的特征，再根据度量准则度量所提取的特征的差异或距离。

2. 未来研究生成对抗网络的潜在突破口

1）可解释性、可控性
当前，尚没有完全攻克生成对抗网络的可解释性和可控性，只是取得了部分研究进展。在后续的工作中，对可解释性和可控性的研究仍具有重要的研究价值。

2）稳定性
众所周知，在训练生成对抗网络模型的过程中存在稳定性差的问题。从某种角度来说，这会导致模型坍塌。因此，在今后的研究中，如何稳定训练的过程，使得生成对抗网络的性能得到提升，仍然具有挑战性。

3）评价模型的方法
虽然现在有各式各样的生成对抗网络模型，但是如何综合、客观地评价每个模型，仍然没有一个定论。因此，在后续的研究中，如何客观地评价生成对抗网络模型仍具有研究价值。

4）与其他理论的融合
对生成对抗网络的研究，是否可以考虑引入其他理论，如神经科学、认知科学、信息论等，以使得现有的模型性能得到提升，有研究价值。

5）其他应用领域
生成对抗网络的核心思想通俗易懂，它比较适合与其他具体的应用结合在一起建模。因此，挖掘新的应用场景也具有研究价值。

通过对生成对抗网络的网络结构和部分生成对抗网络的相关应用的学习，我们初步了解和认识了生成对抗网络，认识到生成对抗网络对促进人工智能高速发展起着不可取代的作用。同时，对抗神经网络在各个领域中的应用也是不可或缺的。

知识回顾

本章学习了人工智能的高速发展，通过对阿尔法围棋与深度学习、卷积神经网络的基本结构与应用、循环神经网络的基本结构与应用和生成对抗网络的结构等方面的内容，让我们了解到，在人工智能的高速发展中，不单单是一方面的发展，而是带动着多方面的发展，并且各个方面都是不可或缺的，它们之间相互促进，相互发展。每一个方面都是我们应该重点学习的。

任务习题

一、选择题

1. 阿尔法围棋与李世石和柯洁比赛的结果分别是（　　　）。
    A．4：1；3：0　　B．3：0；4：1　　　　C．1：4；3：0　　　　D．1：4；0：3
2. 下面不是深度学习的应用的是（　　　）。
    A．目标检测　　　　B．图像分割　　　　C．图像标题生成　　D．专家系统
3. 下面不是卷积神经网络的性质的是（　　　）。
    A．连接性　　　　　B．表征性　　　　　C．生物相似性　　　D．学习性
4. 下面不是卷积神经网络的模型的是（　　　）。
    A．LeNet　　　　　B．AlexNet　　　　　C．VGNet　　　　　D．ResNet

二、填空题

1. 深度学习构架分为_____、_____、_____。
2. 卷积神经网络、循环神经网络和生成对抗网络的简称分别是_____、_____、_____。
3. 卷积神经网络的网络性质有_____、_____、_____。
4. 循环神经网络的简单应用有_____。
5. 生成对抗网络的研究潜在突破口有_____。

三、简答题

1. 简要阐述生成对抗网络的原理。
2. 谈谈你对人工智能的高速发展的看法。

第 5 章

人工智能的应用分支

内容梗概

随着网络信息技术的普及与进一步发展，人类社会正在进入全面数字化的人工智能时代，人工智能进入了一切领域，并与其他学科紧密结合，出现了许多应用分支。本章将从计算机视觉、自然语言处理、决策分析、机器博弈、智能机器人、无人驾驶和智能系统等方面讲述人工智能的应用。

学习重点

1. 了解计算机视觉与人工智能的关系。
2. 了解自然语言处理的关键技术。
3. 了解分析决策的最优化问题。
4. 了解机器博弈的现实意义。
5. 了解智能机器人的相关知识。
6. 了解无人驾驶的等级划分。
7. 了解群智系统的应用。

任务点

5.1 计算机视觉
5.2 自然语言处理
5.3 决策分析
5.4 机器博弈
5.5 智能机器人
5.6 无人驾驶
5.7 智能系统
知识回顾
任务习题

⌐● 5.1 计算机视觉 ●

　　计算机视觉是人工智能的一个分支,是使用计算机及相关设备对生物视觉的一种模拟,主要是研究如何使机器"看",通常是用摄影机和计算机代替人眼对目标进行识别、跟踪和测量等机器视觉,并进一步做图形处理。比如,计算机视觉可作为视频监控下安防系统的一个功能,作为医疗影像处理的医疗设备的一个功能,作为自动驾驶感知自动汽车上的一个功能,作为工业视觉自动化系统的一个功能,作为指纹识别、文字识别、地图重建的一个功能。在人工智能领域里,我们经常会涉及对现实生活中的图形、图像进行识别检测,那么计算机怎么将这些现实的图像特征转化成计算机能识别的信息的呢?我们就需要对计算机视觉进行深入的了解和探究。

⊚ 5.1.1 计算机视觉概述

　　计算机视觉是一门研究如何使机器"看"的科学,更直白地说,就是通过摄影机和计算机代替人眼对目标进行识别、跟踪和测量等机器视觉,并进一步进行图形处理,使计算机处理成更适合人眼观察或传送给仪器检测的图像。计算机视觉对图像进行数据采集后提取出图像的特征,一般,所处理的图像的数据量很大,偏软件层;而机器视觉处理的图像一般不大,采集图像数据后仅进行较低数据流的计算,偏硬件层,多用于工业机器人、工业检测等。最终图像处理对图像数据进行转换变形,方式包括降噪、傅里叶变换、小波分析等,图像处理技术的主要内容包括图像压缩,增强和复原,匹配、描述和识别三个部分。形象来说,计算机视觉就是通过计算机实现在视觉信息上的有效捕获,从而让信息有更直观的表现力。

1. 计算机视觉下的图像

　　在机器视觉系统中,计算机会从相机或者硬盘接收栅格状排列的数字,也就是说,机器视觉系统不存在一个预先建立的模式识别机制。没有自动控制焦距和光圈,就不能将多年的经验联系在一起。大部分的视觉系统都还处于一个非常朴素原始的阶段。

　　如图 5-1 所示,我们看到后视镜位于驾驶室旁边,但是对于计算机而言,看到的只是按照栅格状排列的数字。所有在栅格中给出的数字还有大量的噪声,所以每个数字只能给我们提供少量的信息,但是这个数字栅格就是计算机所能够"看见"的全部了。我们的任务变成将这个带有噪声的数字栅格转换为感知结果"后视镜"。

　　简而言之,计算机视觉就是以图像(视频)为输入,以对环境的表达和理解为目标,研究图像信息组织、物体和场景识别,进而将其用计算机特有的方式显示出来。

但是相机看到的则是这样的:

194	210	201	212	199	213	215	195	178	158	182	209
180	189	190	221	209	205	191	167	147	115	129	163
114	126	140	188	176	165	152	140	170	106	78	88
87	103	115	154	143	142	149	153	173	101	57	57
102	112	106	131	122	138	152	147	128	84	58	66
94	95	79	104	105	124	129	113	107	87	69	67
68	71	69	98	89	92	98	95	89	88	76	67
41	56	68	99	63	45	60	82	58	76	74	65
20	41	69	75	56	41	51	73	55	70	63	44
50	50	57	69	75	75	73	74	53	68	59	37
72	59	53	66	84	92	84	74	57	72	63	42
67	61	58	65	75	78	76	73	59	75	69	50

图 5-1　汽车图像

2．计算机视觉与人工智能的关系

计算机视觉作为人工智能的重要内容之一，在采集图像数据、图片数据等方面，为人工智能的研究提供大量的图形数据，为人工智能技术的发展提供动力源。计算机视觉与人工智能有密切联系，但也有本质的不同。人工智能的目的是能让计算机去看、去听和去读，从而加深对图像、语音和文字的理解；而在人工智能这些领域中，视觉又是核心；就像在我们的生活中，视觉占我们所有感官输入的 80%，成为我们对外界感知的最重要的接收工具；但是感知是最困难的一部分，这更突显了视觉对于智能的大脑信息提供的重要性。如果说人工智能是一场革命，那么它将开始于计算机视觉，而非其他领域。人工智能更强调推理和决策，但至少计算机视觉目前还主要停留在图像信息表达和物体识别阶段。"物体识别和场景理解"也涉及从图像特征的推理与决策，但与人工智能的推理和决策有本质区别。

计算机视觉是人工智能需要解决的一个很重要的问题，它是目前人工智能的很强的驱动力。因为它有很多应用、很多技术是从计算机视觉诞生出来以后，再反运用到人工智能领域中去的。计算机视觉拥有大量的人工智能的应用基础。

⊚ 5.1.2　图像识别

图像识别是指利用计算机对图像进行处理、分析和理解，以识别各种不同模式的目标和对象的技术。生活中常见的图像识别有人脸识别和商品识别。人脸识别主要运用在安全检查、身份核验与移动支付中。商品识别主要运用在商品流通过程中，特别在是无人货架、智能零售柜等无人零售领域。此外，还有在计算机阅卷场景下的试卷图像识别，通过图像识别技术，识别出机读卡的选项，同时与标准答案自动进行匹配，从而自动给出评分，大大减轻了教师的工作。还可以通过图像识别技术，进行作文批改，从而为阅卷老师免去大量的手工阅卷负担，以及人力资源的浪费。可以说，图像识别已经与我们的生活息息相关，小到扫码支付大到对各种身份进行验证等需求。

1. 图像识别的发展历程

图像识别的发展经历了文字识别、数字图像处理与识别、物体识别三个阶段。文字识别（见图 5-2）的研究是从 1950 年开始的，一般是识别字母、数字和符号，从印刷文字识别到手写文字识别，应用非常广泛，并且已经研制了许多专用设备。数字图像处理与识别（见图 5-3）的研究开始于 1965 年，数字图像与模拟图像相比具有存储功能、传输方便可压缩，传输过程中不易失真，处理方便等巨大优势，这些都为图像识别技术的发展提供了强大的动力。物体识别（见图 5-4）主要指的是对三维世界的客体及环境的感知和认识，属于高级的计算机视觉范畴。它是以数字图像处理与识别为基础的结合人工智能、系统学等学科的研究方向，其研究成果被广泛应用在各种工业及探测机器人上。现代图像识别技术的一个不足就是自适应性能差，一旦目标图像被较强的噪声污染或目标图像有较大残缺，往往就得不出理想的结果，但是现在对相关处理算法的不断优化后，图像识别技术也在其弱点方向进行了重要的突破。

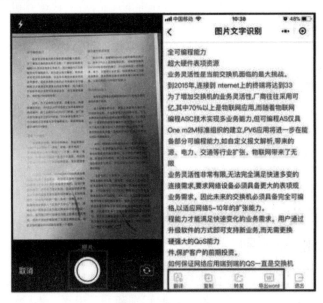

图 5-2　文字识别

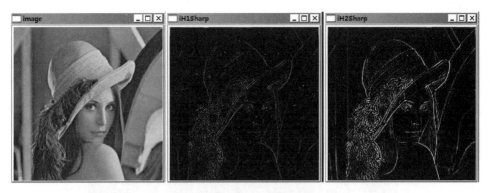

图 5-3 数字图像处理与识别

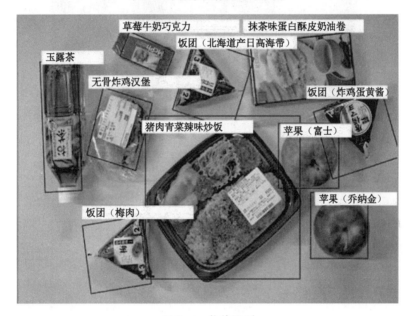

图 5-4 物体识别

2. 图像识别与医疗影像

传统上, 医生需要通过病人的表观病征、生理检验结果等一系列数据对病情做出判断, 而这一切都是可标准化的数据, 可以交由人工智能进行处理。人工智能可以根据临床反应与生理指标, 快速地调出可能对应的疾病, 辅助医生进行判断。而在人工智能处理过程中对于医学图像的识别, 是整个过程最重要的关键环节, 只有提供最准确、最精确的识别结果, 才能让人工智能系统在处理过程中有着准确的判断依据。

医学图像识别及处理技术包括图像分割、图像配准和图像融合、伪彩色处理技术等一系列技术, 通过这些技术让人工智能在医学上能做出比医生更精确的判断, 以下是常用的几种技术。

1）图像分割

由于人体的组织器官不均匀、器官蠕动等造成医学图像一般具有噪声、病变组织边缘模糊等特点，医学图像分割技术的目的就是将图像中感兴趣的重点区域清楚地提取出来，这样就能为后续的定量、定性分析提供图像基础，同时它也是三维可视化的基础。现有的图像分割方法有：基于阈值的分割方法、基于区域的分割方法（见图 5-5）、基于边缘的分割方法及基于特定理论的分割方法等。

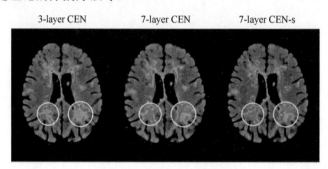

图 5-5   医学图像分割

2）图像配准和图像融合

医学图像配准是指对于一幅医学图像通过一种或一系列的空间变换，使它与另一幅医学图像上的对应点达到空间上的一致。配准的结果应使两幅图像上所有的解剖点，或至少是所有具有诊断意义的点及手术感兴趣的点都达到匹配，配准处理一般可以分为图像变换和图像定位两种。

医学图像在空间域配准之后，就可以进行图像融合，融合图像的创建又分为图像数据的融合与融合图像的显示两部分来完成。图像融合的目的是通过综合处理应用这些成像设备所得信息以获得新的有助于临床诊断的信息。利用可视化软件，对多种模态的图像进行图像融合，可以准确地确定病变体的空间位置、大小、几何形状及其与周围生物组织之间的空间关系，从而及时、高效地诊断疾病，也可以用在手术计划的制定、病理变化的跟踪、治疗效果的评价等方面。

3）伪彩色处理技术

伪彩色图像处理技术是将黑白图像经过处理变为彩色图像（见图 5-6 中的浅灰色部分），可以充分发挥人眼对彩色的视觉能力，从而使观察者能从图像中取得更多的信息。经过伪彩色处理技术，可提高对图像特征的识别。

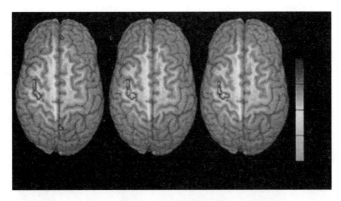

图 5-6　伪彩色处理

临床研究对 CT、MRI、B 超和电镜等图片均进行了伪彩色技术的尝试，并取得了良好的效果，部分图片经过处理后可以显现隐性病灶。通过对图像的识别及处理，得到了我们想要的图像特征及相关数据，从而为我们在人工智能领域下的应用做好重要的基础工作，从而研发出能够解决大量耗费资源的智能系统。这不仅是图像识别领域的进步，更推动了人工智能技术的发展。

⊙ 5.1.3　目标检测

目标检测，也称为目标提取，是一种基于目标几何和统计特征的图像分割，它将目标的分割和识别合二为一，其准确性和实时性是整个系统的一项重要能力，尤其是在复杂场景中，需要对多个目标进行实时处理时，目标自动提取和识别就显得尤为重要。现在，目标检测应用在人脸检测、车辆检测、行人计数、自动驾驶等领域。其中，人脸检测大多用于移动支付、生物验证等实际生活场景；车辆检测用于智能交通、交通情况判断，为城市交通的管理及治理提供实时监控；行人计数主要用于判断交通信号、检测人流量等方面；自动驾驶需要实时的目标检测，为车辆在行驶过程中对路况进行实时判断与分析。

1．目标检测概述

目标检测是计算机视觉和数字图像处理的一个热门方向，生活中广泛应用于机器人导航、智能视频监控、工业检测、航空航天等众多领域当中，通过计算机视觉减少对人力资本的无谓消耗，这一点在任何时候都具有十分重要的现实意义。因此，目标检测在时代发展中日渐成为近些年来理论和应用的热点研究对象，它不仅是图像处理和计算机视觉学科的重要分支之一，也是智能监控系统的核心组成部分，同时还是泛身份识别领域的一个基础性的算法，对后续的人脸识别、步态识别、人群计数、实例分割等领域的发展起着不可代替的作用。

2. 目标检测的现实意义

在这万物互联的时代，目标检测广泛地应用在我们的现实生活中，在安全领域、运输领域和军事领域上尤为突出，并表现出其强大的现实意义。安全方面主要体现在人脸识别（见图 5-7）、行人检测等方面，为我们生活中的犯罪等不良事件提供便利的线索等；运输方面主要体现在车牌识别（见图 5-8）和交通标示识别等方面，对于那些违反交通法规的车辆进行信息跟踪，获取边缘信息来帮助相关部门便捷地给予当事人处罚；在军事方面主要体现在遥感目标的探测，主要是实现对遥感图像及视频中的物体检测（见图 5-9）。

图 5-7　人脸识别

图 5-8　车牌识别

图 5-9　遥感图像物体检测

5.2　自然语言处理

在大数据时代下，自然语言处理技术是高效获取数据的关键技术，也是人工智能领域的重要研究方向。自然语言处理涵盖学科领域较广，涉及数学、语言学、计算机等多学科知识，其实质是在计算机科学与人工智能融合发展背景下形成的一种信息处理技术。生活中像小米手机的小爱同学这一类的智能助手，就是自然语言处理与人工智能结合的产物；还有实时的语音转文字录入软件也是自然语言处理分支的一种应用，这些和我们生活息息相关的功能设施、服务平台都是自然语言处理的实例化的表现。

⊛ 5.2.1　自然语言处理概述

我们的日常生活中离不开语言，自然语言作为一种最直接和简单的表达工具为我们提供便捷。自然语言处理（Natural Language Processing，NLP）是将人类交流沟通所用的语言经过特殊的处理转化为机器能够理解的机器语言，也是一种研究语言能力的模型和算法框架，还是语言学和计算机科学的交叉学科。作为人工智能的一个重要分支，其在数据处理领域也占有越来越重要的地位，如今自然语言处理被越来越多地熟知并应用。自然语言处理分为两个流程：自然语言理解（Natural Language Understanding，NLU）和自然语言生成（Natural Language Generation，NLG）。想要真正地了解自然语言处理的方法及其流程，就需要我们系统性地了解相关算法，并且了解自然语言处理的相关知识结构（见图5-10）。

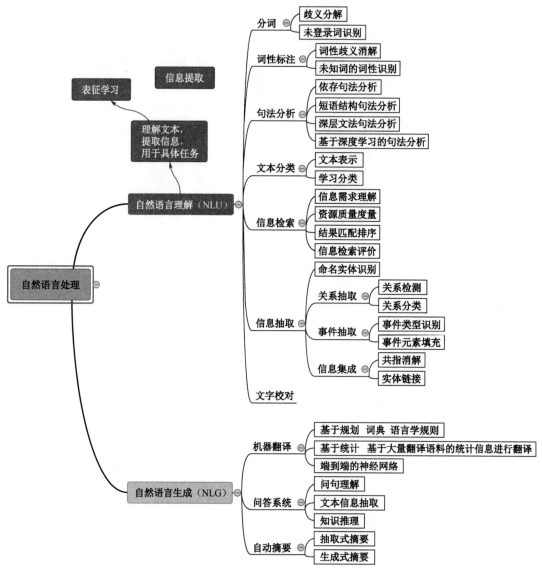

图5-10　自然语言处理的相关知识结构

1. 认识自然语言处理

用自然语言与计算机进行通信，这是人们长期以来所追求的。因为它既有明显的实际意义，同时也有重要的理论意义：人们可以用自己最习惯的语言来使用计算机，而无须再花大量的时间和精力去学习不是很自然和习惯的各种计算机语言；人们也可通过它进一步了解人类的语言能力和智能的机制。

一个自然语言处理系统应该至少包含三个模块：语言的解析、语义的理解及语言的生成。自然语言处理的一般框架如图 5-11 所示。

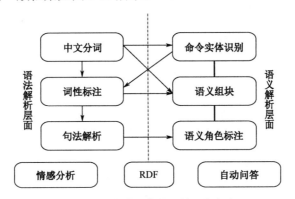

图 5-11　自然语言处理的一般框架

在语法解析层面，大规模高精度的中文分词、词性标注系统已经基本达到商用的要求，但在句法解析方面还存在着精度问题。在语义解析层面，命名实体识别、语义组块都已经获得了较高的精度。人工智能对知识库的研究历史悠久，已经形成一整套的知识库的架构和推理体系。实现句子到知识库的主要方法是语义角色标注系统，但在整句的理解层面，语义角色标注系统的精度严重依赖句法解析系统，这使该系统离商用还有一段距离。由于前两个层面的问题，语言生成的发展相对滞后，应用也不广泛，虽有商业的应用，但是范围都非常狭窄，基本都集中在机器翻译领域。

2. 自然语言处理的难点

自然语言处理的难点是自然语言文本和对话的各个层次上广泛存在各种各样的歧义或多义性。目前的问题有两方面：一方面，到目前为止的语法都限于一个孤立的句子，上下文关系和谈话环境对本句的约束和影响缺乏系统的研究，因此，分析歧义、词语省略、代词所指，同一句话在不同场合或由不同的人说出来就具有不同含义的这些问题，现在还尚无明确规律可循，需要加强对语言学的研究才能逐步解决这些难题。另一方面，人理解一个句子不是单凭语法，还需要运用大量的相关知识去体会、理解其中的深层含义。这就正如一个不是在中国出生的外国人刚开始学习中文时，在一些一词多义的语句中无法理解其中的确切意思一样；也表现在对特定短语的理解方面，在有对话的语句中，不能准确理解所表达的意思，无法明白其中的道理。

⊙ 5.2.2 语言识别

语言识别指的是用机器对语言信号进行分析，根据语音单位如音素、音节或单词等特征参数和语法规则，加以逻辑的判断来识别语言，还能把语言和语声转换成可进行处理的信息的过程。语音识别作为语言识别的一个应用分支，它为我们提供了语音转文字、多语言翻译、虚拟助手等一系列的实用功能软件。

1. 语音识别技术的重大突破

语音识别技术是语言识别的重要领域，语音识别技术的最重大突破是隐马尔可夫模型（Hidden Markov Model，HMM）的应用。隐马尔可夫模型作为一种统计分析模型，创立于20世纪70年代，在80年代得到了传播和发展，成为信号处理的一个重要方向，现已成功地应用于语音识别、行为识别、文字识别及故障诊断等领域。

2. 语音识别的基本方法

语音识别的方法主要有动态时间归整技术（DTW）、矢量量化技术（VQ）、隐马尔可夫模型（HMM）、基于段长分布的非齐次隐含马尔可夫模型（Duration Distribution Based Hidden Markov Model，DDBHMM）和人工神经元网络（Artificial Neural Network，ANN）。

1）动态时间归整技术和矢量量化技术

动态时间归整技术是较早的一种模式匹配和模型训练技术，它应用动态规划方法成功解决了语音信号特征参数序列比较时时长不等的难题，在孤立词语音识别中体现了良好性能。但因其不适合连续语音大词汇量语音识别系统，目前已被隐马尔可夫模型和人工神经元网络代替；矢量量化技术从训练语音提取特征矢量，得到特征矢量集，通过 LBG 算法生成码本，在识别时从测试语音提取特征矢量序列，把它们与各个码本进行匹配，计算各自的平均量化误差，选择平均量化误差最小的码本，作为被识别的语音，但其同样只适用孤立词，而不适合连续语音大词汇量语音识别。

2）隐马尔可夫模型

隐马尔可夫模型是语音信号时变特征的有参表示法，它由相互关联的两个随机过程共同描述信号的统计特性，其中一个是隐蔽的（不可观测的）具有有限状态的 Markov 链，另一个是与 Markov 链的每一状态相关联的观察矢量的随机过程（可观测的）。隐蔽 Markov 链的特征要靠可观测到的信号特征揭示。这样，语音时变信号某一段的特征就由对应状态观察符号的随机过程描述，而信号随时间的变化由隐蔽 Markov 链的转移概率描述。模型参数包括隐马尔可夫模型拓扑结构、状态转移概率及描述观察符号统计特性的一组随机函数。按照随机函数的特点，隐马尔可夫模型可分为离散隐马尔可夫模型（采用离散概率密度函数，简称 DHMM）和连续隐马尔可夫模型（采用连续概率密度函数，简称 CHMM）及半连续隐马尔可夫模型（SCHMM）。一般来讲，在训练数据足够的情况下，连续隐马尔可夫模型优于离散隐马尔可夫模型和半连续隐马尔可夫模型。隐马尔可夫模型统一了语音识别中声学层和语音学层的算法结构，以概率的形式将声学层中得到的信息和语音学层中已有的信息完美地结合在一起，极大地增强了连续语音识别的效果。原理简述如下。隐马尔可夫模型（见图 5-12）由五个部分组成：隐状态空间（例如 S_1、S_2、S_a 等）、观测空间 O（例如 V_1、V_2、V_a 等）、初始状态概率空间 PI、状态概率转移矩阵 P 及观测值生成概率矩阵 Q。另外，隐马尔可夫模型还包括一条观测链和一条隐藏链。

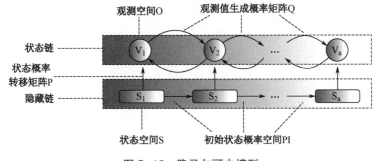

图 5-12　隐马尔可夫模型

因此，整个过程就是观测值随状态的转移而生成，而我们所关心的是通过已有的观测值来判断其隐藏的状态，即通过一长串的观测序列推算导致这一结果的可能的状态序列。例如，有两枚不同的硬币（抛掷后，一枚正面朝上的概率比较大，另一枚反面朝上的概率比较大），现在一个人按照其习惯每次选择其中的一枚硬币进行抛掷，共抛掷 N 次，将结果记录下来（设正面为 1，反面为 0），之后就可以利用隐马尔可夫模型，通过已有结果反推这个人每次是使用哪枚硬币进行投掷的。

3）改进的非齐次隐含马尔可夫模型

王作英教授提出了一个基于段长分布的非齐次隐含马尔可夫模型，以此理论为指导所设计的语音识别听写机系统在 1998 年的全国语音识别系统评测中获得冠军，从而显示了这一新模型的生命力和在这一研究领域内的领先水平。语音学的研究表明，语音单位在词中的长度有一个相对平稳的分布。正是这种状态长度分布的相对平稳性破坏了隐马尔可夫模型的齐次性结构，而王作英教授提出的非齐次隐含马尔可夫模型规避了这一缺陷。它是一个非齐次的隐马尔可夫语音识别模型，从非平稳的角度考虑问题，用状态的段长分布函数替代了齐次隐马尔可夫模型中的状态转移矩阵，彻底抛弃了"平稳的假设"，使模型成为一种基于状态段长分布的隐马尔可夫模型。段长分布函数的引入澄清了经典隐马尔可夫语音识别模型的许多矛盾，这使得非齐次隐含马尔可夫模型比国际上流行的隐马尔可夫语音识别模型有更好的识别性能和更低的计算复杂度（训练算法比流行的 Baum 算法复杂度低两个数量级）。由于非齐次隐含马尔可夫模型解除了对语音信号状态的齐次性和对语音特征的非相关性的限制，因此为语音识别研究的深入发展提供了一个和谐的框架。

4）人工神经元网络

典型的人工神经元网络结构图如图 5-13 所示。人工神经元网络在语音识别中的应用是现代研究的又一热点。人工神经元网络本质上是一个自适应非线性动力学系统，模拟了人类神经元活动的原理，具有自学、联想、对比、推理和概括能力。这些能力是隐马尔可夫模型不具备的，但人工神经元网络又不具有隐马尔可夫模型的动态时间归整性能。因此，人们尝试研究基于隐马尔可夫和人工神经元网络的混合模型，把二者的优点有机结合起来，从而提高整个模型的稳健性，这也是现代研究的一个热点。

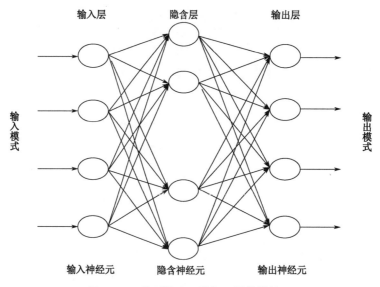

图 5-13　典型的人工神经元网络结构图

3. 语音识别技术的应用

语音识别的一个主要困难在于语音信号的复杂性和多变性。一段看似简单的语音信号，其中包含了说话人、发音内容、信道特征、口音方言等大量信息。不仅如此，这些底层信息互相组合在一起，又表达了如情绪变化、语法语义、暗示内涵等丰富的高层信息。现代语音识别技术的应用有法庭庭审转写、实时直播字幕及管理、智能语音问询终端等生活场景。在法庭庭审转写上，语音识别技术提供了将庭审各方的语音直接转变为文字，供各方在庭审页面上查看，并可作为庭审笔录直接使用的实用技术；在实时直播字幕及管理上，语音识别技术解决了如在开大会做演讲时，现场环境比较嘈杂，座位靠后或远程做直播，可能会听不清演讲内容的难题；在智能语音问询终端的应用上，语音识别技术可在嘈杂的公共环境中提供高质量的语音交互服务，给用户带来全新体验的同时提高了商家的服务效率，为商家节约成本，如地铁语音售票机，用户说出目的地，售票机会自动找到相应地铁站并推荐最佳换乘路线。在语音识别技术的应用之下，我们生活中的一些痛点也有了解决之法，这正是技术带来的福利。

⊙ 5.2.3　机器翻译

机器翻译，又称为自动翻译，是利用计算机将一种自然语言（源语言）转换为另一种自然语言（目标语言）的过程。它是计算语言学的一个分支，是人工智能的终极目标之一，具有重要的科学研究价值。同时，机器翻译又具有重要的实用价值。随着经济全球化及互联网的飞速发展，机器翻译技术在促进政治、经济、文化交流等方面起到越来越重要的作用。

1．机器翻译的发展历史

机器翻译的研究历史可以追溯到 20 世纪三四十年代。20 世纪 30 年代初，法国科学家G.B.阿尔楚尼提出了用机器来进行翻译的想法。1933 年，前苏联发明家特罗扬斯基设计了把一种语言翻译成另一种语言的机器，并在同年 9 月 5 日登记了他的发明，但是，由于 30 年代时的技术水平还很低，他的翻译机没有制成。1946 年，第一台现代电子计算机 ENIAC 诞生，随后不久，信息论的先驱、美国科学家 W.Weaver 和英国工程师 A.D.Booth 在讨论电子计算机的应用范围时，于 1947 年提出了利用计算机进行语言自动翻译的想法。1949 年，W.Weaver 发表《翻译备忘录》，正式提出机器翻译的思想。机器翻译经历了一条曲折而漫长的发展道路，学术界一般将其划分为开创期、受挫期、恢复期和新时期四个阶段。

1）开创期（1947—1964 年）

1954 年，美国乔治敦大学（Georgetown University）在 IBM 公司的协同下，用 IBM-701 计算机首次完成了英俄机器翻译试验，向公众和科学界展示了机器翻译的可行性，从而拉开了机器翻译研究的序幕。我国开始这项研究也并不晚，早在 1956 年，我国就把这项研究列入了全国科学工作发展规划，课题名称是"机器翻译、自然语言翻译规则的建设和自然语言的数学理论"。1957 年，中国科学院语言研究所与计算技术研究所合作开展俄汉机器翻译试验，翻译了九种不同类型的较为复杂的句子。从 20 世纪 50 年代开始到 60 年代前半期，机器翻译研究呈不断上升的趋势。美国和苏联两个超级大国出于军事、政治、经济目的，均对机器翻译项目提供了大量的资金支持，而欧洲国家由于地缘政治和经济的需要也对机器翻译研究给予了相当大的重视，机器翻译一时出现热潮。这个时期机器翻译虽然处于开创阶段，但已经进入了乐观的繁荣期。

2）受挫期（1964—1975 年）

1964 年，为了对机器翻译的研究进展做出评价，美国科学院成立了语言自动处理咨询委员会（Automatic Language Processing Advisory Committee，简称 ALPAC 委员会），开始了为期两年的综合调查分析和测试。1966 年 11 月，该委员会公布了一个题为《语言与机器》的报告（简称 ALPAC 报告），该报告全面否定了机器翻译的可行性，并建议停止对机器翻译项目的资金支持。这一报告的发表给正处于蓬勃发展期的机器翻译当头一棒，机器翻译研究陷入了近乎停滞的僵局。无独有偶，在此期间，中国爆发了"文化大革命"，这些研究基本上也停滞了。机器翻译步入萧条期。

3）恢复期（1975—1989 年）

进入 20 世纪 70 年代后，随着科学技术的发展和各国科技情报交流的日趋频繁，国与国之间的语言障碍显得更为严重，传统的人工作业方式已经远远不能满足需求，迫切地需要计算机来从事翻译工作。同时，计算机科学、语言学研究的发展，特别是计算机硬件技术的大幅度提高，以及人工智能在自然语言处理上的应用，从技术层面推动了机器翻译研究的复苏，机器翻译项目又开始发展起来，各种实用的及实验的系统被先后推出，如 Weinder 系统、EURPOTRA 多国语翻译系统、TAUM-METEO 系统等。而我国在"文化大革命"结束后也重新振作起来，机器翻译研究被再次提上日程。"784"工程给予了机器翻译研究足够的重视，20 世纪 80 年代中期以后，我国的机器翻译研究发展进一步加快，首先研制成功了 KY-1 和 MT/EC863 两个英汉机译系统，表明我国在机器翻译技术方面取得了长足的进步。

4）新时期（1990 年至今）

随着 Internet 的普遍应用，世界经济一体化进程的加速及国际社会交流的日渐频繁，传统的人工作业的方式已经远远不能满足迅猛增长的翻译需求，人们对于机器翻译的需求空前增长，机器翻译迎来了一个新的发展机遇。国际性的关于机器翻译研究的会议频繁召开，我国也取得了前所未有的成就，相继推出了一系列机器翻译软件，如"译星""雅信""通译""华建"等。在市场需求的推动下，商用机器翻译系统迈入了实用化阶段，走进了市场，来到了用户面前。进入 21 世纪以来，随着互联网的普及，数据量激增，统计方法得到充分应用。互联网公司纷纷成立机器翻译研究组，研发了基于互联网大数据的机器翻译系统，从而使机器翻译真正走向实用，如"百度翻译""谷歌翻译"等。近年来，随着深度学习的进展，机器翻译技术得到了进一步的发展，促进了翻译质量的快速提升，在口语等领域的翻译更加地道流畅。

2. 人工智能下的机器翻译在未来的发展前景

目前，人工智能已经在语言翻译行业得到良好的应用和发展，以往，一位翻译水平非常高的专家一天最多能审核两万字左右的文本，而利用人工智能翻译却可以在一天之内审核超过两百万字的文本，大大提高了审核速度，因此预计未来人工智能翻译将会大幅度取代初级人工翻译而占领整个翻译市场。尽管仍然有一部分高端翻译任务需要由人工完成，但是人工智能翻译的兴起已可以更好地辅助人工翻译。针对目前人工智能翻译存在的问题，未来人工智能翻译在很长的一段时间内依然无法完全取代人工翻译，但会朝着人工智能的机器翻译和纯人工翻译相结合的方式发展。就其具体原因而言，大致可以分为三点：一是翻译作为一项思维活动，会随着翻译者的生活环境、专业背景及语言表达习惯等不同，翻译出不同的阅读效果，但是机器翻译就无法准确地抓捕到这些内容。二是不同的行业和不同的翻译文本对翻译质量的要求也是不一样的，而且专业性和语言逻辑严谨性要求也有所不同。三是未来人工智能翻译将在机器翻译和语音识别技术方面有新的突破，能够帮助人们更好地实现人机交互，提高翻译水平。

⊚ 5.2.4　语义理解

语言所蕴含的意义就是语义（semantic）。简单地说，符号是语言的载体。符号本身没有任何意义，只有被赋予含义的符号才能够被使用，这时候语言就转化为了信息，而语言的含义就是语义。语义可以简单地被看作数据所对应的现实世界中的事物所代表的概念的含义，以及这些含义之间的关系，是数据在某个领域上的解释和逻辑表示。

1. 语境与语义的七种成分

语境与语义的成分包括：概念意义、内涵意义、社会意义、情感意义、反映意义、搭配意义和主题意义七种。

1）概念意义

概念意义（或称外延意义、认知意义）是语言交际的核心因素，不提概念意义就几乎无法说明什么是语言。概念意义可以通过对比特征加以研究，如 girl 这个词的意义包括 human，male，adult。人们在解码的过程中通过听和读理解概念意义，在编码的过程中通过说和写表达概念意义。为了更好地理解"概念"意义，我们必须先对"概念"这个词有更深入的了解。Saussure 认为，语言符号包括所指和能指，前者是指用一系列语音或文字符号表示的具体事物和抽象思想，后者是指表示物质实体或抽象概念（说话人对此在脑海中有一个印象）的一系列语音或文字符号。Ogden 和 Richards 用三角图来显示其中的关系（见图 5-14）。这里，符号是词，也可能是句子。所指对象是具体的实体和抽象的事物，而相互关系就是人们头脑中的概念。概念语义学的目的就是为句子提供一个语义表达的方法，这种表达方法体现了我们所知道的内容，并使该句的意义与一定的句法和音位表达方式对应。

图 5-14　关系图

词的概念意义必须通过语境才能获得更好的理解。例如，从字典中查出 nervous 的定义是 tense，excited，但是如果不通过语境我们仍然很难理解其概念意义。如果将其放在下面的句子中考察，其意义就容易理解了。I was nervous when I gave a presentation in front of large audience.My face turned pale, my heart beat fast and I had sweaty palms.这句话中的第一句给出了一个产生 nervous 情绪的特定场合，第二句描写了这一情绪的具体感受。这两个句子实际上就是给出了理解 nervous 这个词概念意义的语境。

2）内涵意义

内涵意义是指一个词语除了它的纯概念内容之外，凭借它所指的内容而具有的一种交际价值。和概念意义相比，内涵意义是不明确的，也是无限的。内涵意义随文化、历史和个人经历的不同而不同。例如，理解 woman 这个词的内涵意义就必须将其放在文化、历史等语境中，除了"人类""女性""成年"这三个特征以外，这个词因在不同的社会和不同的历史阶段而又会有不同的附加特性。在母系社会中，女人的内涵意义可能是部落的主宰、重要的性别，但是在封建社会里，该词又往往会与"软弱""服从""怯懦""穿裙子""不理性""不接受教育"等联系在一起。如今，该词的意义又有所改变，除了"优雅""温柔"这些通常用来形容女性的意义外，还有"智慧""勤劳""平等"等意义。在中国，特别是中国女运动员在大型国际比赛中获得很多奖牌后，该词又有了"比男性强"的意义。成语"阴盛阳衰"就是指女性在各方面的地位的提高，甚至超过了男性。事实上，内涵意义不仅随时代和社会的不同而变化，而且即使在同一社团中，也会随个体的不同而不同。大男子主义者对"女人"这个词会有许多不好的联想，而这些联想在女权主义者的头脑中是不可能会有的。因此可以认为，对于不同的语境，词的内涵意义也是不同的。

3）社会意义

社会意义是一段语言所表示的关于使用该段语言的社会环境的意义。社会意义的解码通过对某一语言的文体的不同侧面和层次加以辨认来实现。它与通常所说的文体意义相似。例如，domicile，residence，abode 和 home 这几个词的概念意义相似，但是却有不同的社会意义。domicile 显得非常正式，residence 则比较正式，abode 常用于诗词中，而 home 用法比较普遍。因此，这四个词必须在不同的语境下使用。事实上，几乎没有哪两个词既有相同的概念意义，又有同样的社会意义。Trudgill 认为，社会现象的许多方面决定了在什么样的场合下使用什么样的语体，对不同的话题、不同的语境要使用不同文体。前面所提到的 style of discourse 就包括了五个方面的内容：呆板的、正式的、商量的、随便的和亲密的，使用哪一种方式是由说话者之间的相互关系所决定的。在特定的社会情景语境中，使用合适的方式是十分重要的。例如，在商务信函的开头，往往用 I am writing to inform you that…；但是给朋友或家人写信，则用 I just want to let you know that…下面的两个句子能十分形象地说明这一问题。例如，They chucked a stone at the cops，and then did a bunk with the loot，又例，After casting a stone at the police，they absconded with the money. 虽然这两个句子的意思是一样的，但是第一句显得很随便，非常口语化，而第二句却十分正式。因此，如果警察在向上级报告案情时不考虑当时的语境而使用第一种说法，就会显得十分别扭和可笑。同样有下面的两个句子。例如，Father was somewhat fatigued after his lengthy journey.又如，Dad was pretty tired after his long trip.它们具有相同的概念意义和不同的社会意义，第一句较为正式，而第二句却非常随便。因此，在不同的语境下要选择不同的表达方式。从比较狭隘的意义上说，社会意义也包括话语的言外之意。"我没有勺子"听起来是一句陈述，但在"用餐"这一语境中就可能有"请你给我拿一把"的意思。"午夜了"是一个简单的陈述句，但在特定的语境中很可能指"你该走了"的意思。事实上，言外之意越是不明显，听话者就越需要通过语境来理解该句子。

4）情感意义

情感意义是指语言如何反映说话人的情感，包括他对听者和所谈事物的态度。它经常通过所用词的概念意义和内涵意义明确地表达出来。例如，《大学英语》这套教材中有一篇课文中讲了一位年老落魄的绅士每天去品尝布丁却不买，"我"出于同情对他说：Would you please give me the pleasure of buying you the pudding？老人因此而受到了极大的伤害。然而，在不同的语境下，这句话会引发不同的理解。譬如跟自己的一位年长的朋友说同样的话，这位朋友可能会欣然接受。因此，我们在表达情感意义的时候，仍然不能忘记考虑语境。语调和声调在表达情感意义时也是相当重要的。在听力教材和试题中，常常会有一类题目，需要听者根据语调和声调揣摩说话者的态度和话语的意义，如听力教材 Step by Step 中有一段文字：London Bridge is falling down，falling down，falling down；London Bridge is falling down，my fair lady. 说话者用三种语气讲了这段话，表达了高兴、伤心和惊诧三种不同的情感意义。因此，可以说理解情感意义有时必须考虑语音语境。

5）反映意义

在多重概念意义的情况下，当一个词的一种意义构成我们对这个词的另一种意义的反映的一部分时，便产生反映意义。一个词可能会有多个概念意义，因此在使用这部分意义的同时会让我们想起这个词的其他意义，因为我们可能对其他意义更熟悉。The Comforter

和 Holy Ghost 都是指 Third Person of Trinity（基督教中的"圣灵"），但我们对这两个词的理解受到非宗教意义的影响。The Comforter 使人感到得到安慰和支持，而 Holy Ghost 却令人生畏。因此，要想更好地理解词的意义，就要把它放在特定的语境中，在教堂里做礼拜就是上面两个词的特定语境。

6）搭配意义

搭配意义是由一个词所获得的各种联想构成的，而这些联想产生于与这个词经常同时出现的一些词的意义。在不同的语境中，某个词由于不同的搭配可以产生不同的意义。例如，heavy 一词与不同的词组合在一起时形成不同的意义（见表 5-1）。

表 5-1　heavy 不同词组合形成不同的意义

词	意义
heavy lumber	重的，难以移动的
heavy rain	量大的
heavy heart	伤心的，情绪不好的
heavy soil	难以灌溉的
heavy road	泥泞的
heavy sky	乌云密布的
heavy sea	浪大的
heavy food	油腻的

为了使语义更连贯，有些词必须与特定的词搭配。例如，pretty 后常常为 girl，boy，woman，flower，garden，colour，village 等；而 handsome 后往往为 boy，man，car，vessel，overcoat，airliner，typewriter 等。

7）主题意义

主题意义是言者或作者通过语序、信息焦点安排和强调手段等组信息的方法来传递的一种意义。不同的说话方法可以传达不同的主题意义。我们选择的表达方式往往是由语境决定的，不同的表达方法又暗示着不同的语境。例如，Mike opened the door.The door was opened by Mike. 这两句话中，第一句为主动语态，隐含着对这样一个问题做出回答：What did Mike open? 而第二句为被动语态，似乎回答 Who opened the door? 这个问题。因此，虽然这两句的真值条件相同，但是，只要第一句是正确的，那么，第二句也是正确的，但由于其交际价值不同，因此主题意义也不一样，即使在同一个语境中，它们未必同样适合。在口语中，对主题的强调不仅可以通过语序和信息焦点的安排，还能通过在发音时对某些词的重读来实现。例如，Mike opened the door. 这句话的重读如果放在 Mike 上，那么它就可能回答 Who opened the door？这个问题，如果重读放在 door 上，那么就对 What did Mike open？做出了回答。这又可以归结为语音语境理解对主题意义的作用。

2．语义理解在机器翻译中的重要性

符号学派的观点认为，一门语言就是一个系统，表达概念的词或词汇可以看作系统中的实体，这些实体只有在系统中才有意义，即在具体的语境之中才有意义，而只有根据句子乃至语篇来确定词汇的准确含义，才能真正达到翻译便是译意的目的。因此，语义理解应力求准确，不仅要突出文字的表层意思，有的还要译出其深层含义，这样，译文才可能准确无误。可见，语义理解是翻译准确的前提，否则就会词不达意，贻笑大方。由此可见，翻译是一个纷繁复杂的系统工程，它要求译者必须掌握好对词汇的理解和表达，而英语词汇的多义性又决定了词义理解及其翻译的困难性，所以在机器翻译之中分析理解词汇、句子的意思时，要考虑语境、语义等因素，准确无误地完成语义的翻译转换，这就更加凸显了语义理解的重要性。

5.3 决策分析

在人类的社会实践中，人们会遇到各种各样的决策问题。对于某一具体问题，一般总有若干个行动（或方案措施等）可供选择，往往需要对其进行分析并给出最优的解决方案。群决策是效用理论的重要应用，已形成若干研究分支，是决策理论研究的薄弱环节；多目标决策是决策科学最有动力且广泛应用的领域；决策分析为许多耗费大量时间的问题提供了有力帮助。

⊙ 5.3.1 决策分析概述

大多数的决策理论是规范性的，即决策理论以假设一个具有完全信息的、可实现精度计算的，并且完全理性的理想决策者的方式达到最优的决策。在实际中，某些所谓"最好"的情景并不是最大的，最优也可能包含在一个具体的或近似的最大值。这种规范模型的实际应用（人们应当如何决策）被称为决策分析，其目标是帮助人们进行进一步良好决策的工具和方法论。决策分析概述图如图 5-15 所示。

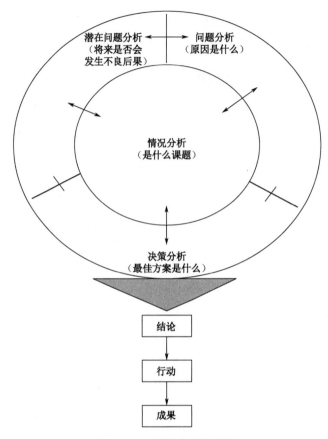

图 5-15　决策分析概述图

1. 决策分析常用方法及其区别

　　对于不同的情况有不同的决策方法。确定性情况，每一个方案引起一个且只有一个结局。当方案个数较少时可以用穷举法，当方案个数较多时可以用一般最优化方法。随机性情况，也称风险性情况，即由一个方案可能引起几个结局中的一个，但各种结局以一定的概率发生。通常在能用某种估算概率的方法时，就可使用随机性决策，如决策树的方法。不确定性情况，一个方案可能引起几个结局中的某一个结局，但各种结局的发生概率未知，这时可使用不确定型决策，如拉普拉斯准则、乐观准则、悲观准则、遗憾准则等来取舍方案。多目标情况，由一个方案同时引起多个结局，它们分别属于不同属性或所追求的不同目标，这时一般采用多目标决策方法，如化多为少的方法、分层序列法、直接找所有非劣解的方法等。多人决策情况，在同一个方案内有多个决策者，他们的利益不同，对方案结局的评价也不同，这时采用对策论、冲突分析、群决策等方法。除上述各种方法外，还有对结局评价等有模糊性时采用的模糊决策方法和决策分析阶段序贯进行时所采用的序贯决策方法等。

　　风险型情况下的决策分析，这类决策问题与确定型决策只在第一点特征上有所区别。风险型情况下，未来可能状态不止一种，究竟出现哪种状态，不能事先确定，只知道各种状态出现的可能性大小（如概率、频率、比例或权等）。常用的风险型决策分析技术有期望值法和决策树法。期望值法是根据各可行方案在各自然状态下收益值的概率平均值的大小，决定各方案的取舍；决策树法有利于决策人员使决策问题形象化，可把各种可以更换的方案、可能出现的状态、可能性大小及产生的后果等，简单地绘制在一张图上，以便计算、研究与分析，同时还可以随时补充不确定型情况下的决策分析。如果不止有一个状态，各状态出现的可能性的大小又不确定，便称为不确定型决策（见图 5-16）。

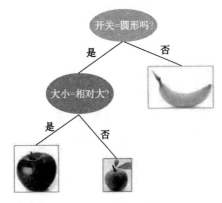

图 5-16　不确定性决策

　　常用的决策分析方法有：①乐观准则。比较乐观的决策者愿意争取一切机会获得最好结果。决策步骤是从每个方案中选一个最大收益值，再从这些最大收益值中选一个最大值，该最大值对应的方案便是入选方案。②悲观准则。比较悲观的决策者总是小心谨慎，从最坏结果着想。决策步骤是先从各方案中选一个最小收益值，再从这些最小收益值中选出一个最大收益值，其对应方案便是最优方案。这是在各种最不利的情况下又从中找出一个最有利的方案。③等可能性准则。决策者对于状态信息毫无所知，所以对它们一视同仁，即认为它们出现的可能性大小相等，于是这样就可按风险型情况下的方法进行决策。

2．决策分析的作用

　　决策分析可以将复杂的问题分解成更小、更易解决的问题。选择行动路线，并说明理由，方便与人沟通。方便理解不同角色的人，并执行路线，过程中可能会有思维碰撞，产生更好的行动路线。不确定条件下的决策问题属于决策分析科学中的一个难题，决策者想要得到真正最优的决策方案，除了还是用这些决策准则及相应的软件工具之外，也需要决策者能够正确地认识问题、分析问题，从而抓住问题的本质，唯有这样，才能得到更为科学的决策结果，才能给企业带来更大的利润。

⊙ 5.3.2 最优化问题

研究最优化问题已有很长的历史，从古希腊数学家毕达哥拉斯黄金分割比的发现，到近代著名捷线问题的提出，已有许多人开始研究用数学方法解决最优化问题。但在 20 世纪初，解决最优化问题的数学方法只限于古典求导方法和变分法，或用拉格朗日乘子法解决等式约束下的条件极值问题，这类求可导函数或泛函数极值的必要充分条件称为古典最优化问题。由于实践中许多最优化问题无法用古典方法来解决，随着电子计算机技术的发展和广泛运用，从 20 世纪 40 年代开始，出现了许多优化的理论，建立了各类系统优化的数学描述和分析方法，用以解决不同实际问题的优化。

1．最优化问题分类介绍

20 世纪 50 年代以来，产生了用计算机求解大型最优化问题的现象。最优化问题可做如下分类。①无约束最优化问题和约束最优化问题。没有约束条件限制的最优化问题称为无约束最优化问题，有约束条件的称为约束最优化问题。②确定性最优化问题和随机性最优化问题。确定性最优化问题，即每个决策变量取值是确定的。随机性最优化问题，即某些决策变量取值是不确定的，但知道决策变量取某值而服从一定的概率分布。③线性最优化问题和非线性最优化问题。如果目标函数和所有约束条件中的函数都是决策变量的线性函数，这种最优化问题称为线性最优化问题。如果目标函数或约束条件中至少有一个是决策变量的非线性函数，这种最优化问题称为非线性最优化问题。④静态最优化问题和动态最优化问题。如果最优化问题的解不随时间而变，这种最优化问题称为静态最优化问题。若问题的解随时间而变化，则称它为动态最优化问题。⑤单目标最优化问题和多目标最优化问题。如果问题中只含有一个数值目标函数，这种最优化问题称为单目标最优化问题。如果问题中的目标函数多于一个，则称它为多目标最优化问题。

2．遗传算法

最优化问题的求解实质就是将物理问题数学化，把最优化问题的求解转化为目标函数最优解的求解，利用遗传算法在求解最优解方面的特点，达到事半功倍的效果。

1）遗传算法的基本原理

与旧的搜索算法不同，遗传算法从种群的初始解决方案开始其搜索过程。群体中的每个个体被称为染色体。在迭代过程中染色体的不断更新称为遗传。遗传算法主要通过交叉、变异、选择算子来实现。染色体的优点和缺点通常通过适应性来评估。根据适应度值的大小，从父母和后代中选择一定比例的个体作为后代的群体，然后继续迭代计算直到它收敛到全局最佳染色体。适应度是遗传算法用来评价种群在进化的过程中所能达到的最优值的一个概念。为了证明染色体的适应性，引入了测量每条染色体的功能函数，称为适应度函数。

2）遗传算法的流程（见图 5-17）

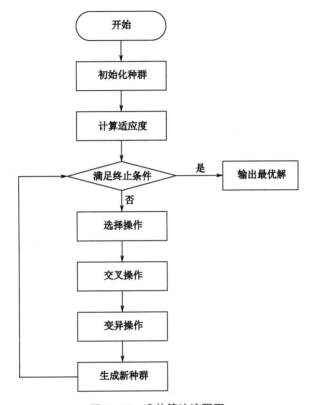

图 5-17 遗传算法流程图

其主要组成部分包括：

（1）编码方式。遗传算法通常根据问题本身进行编码，并将问题的有效解决方案转化为遗传算法的搜索空间。工业中常用的编码方法包括实数编码、二进制编码、整数编码和数据结构编码。

（2）适应度函数。适应度函数也称为目标函数，是对整个个体与其适应度之间的对应关系的描述。具有高适应性的个体中包含的高质量基因具有较高的传递给后代的概率，而具有低适应性的个体的遗传概率较低。

（3）遗传操作。基本的遗传操作包括：选择、交叉、变异。选择，即选择操作基于个体适应度评估，选择群体中具有较高适应度的个体，并且消除具有较低适应度的个体。当然，不同的选择操作也会带来不同的结果，有效的选择操作可以显著地提高搜索的效率和速度，减少无用的计算量。常见的选择方法有：基于比例的适应度分配方法、期望值选择方法、基于排名的适应度分配方法、轮盘赌选择方法等。交叉，即在自然界生物进化过程中，两条染色体通过基因重组形成新的染色体，因此交叉操作是遗传算法的核心环节。交叉算子的设计需要根据具体的问题具体分析，编码操作和交叉操作互相辅助，交叉产生的新的个体必须满足染色体的编码规律。父代染色体的优良性状遗传给下一代染色体，在此期间也能够产生一些较好的性状。常见的交叉算子包括实质重组、中间重组、离散重组、线性重组、二进制交叉、单点交叉、均匀交叉、多点交叉和减少代理交叉。变异，即通过随机选择的方法改变染色体上的遗传基因。变异本身可以被视为随机算法，严格来说，是用于生成新个体的辅助算法。几个与浮点数编码和二进制编码个体匹配的交叉运算，如单点交叉、均匀交叉、算术交叉、两点交叉和多点交叉。算法终止条件，算法终止一般指适应度函数值的变化趋于稳定或者满足迭代终止的公式要求，也可以是迭代到指定代数后停止进化。

3．遗传算法在解决最优化问题上的优缺点

遗传算法的优点在于算法与问题领域无关，具有可扩展性，容易与其他算法结合；搜索使用评价函数启发，过程简单，使用概率机制进行迭代，具有随机性。搜索从群体出发，具有潜在的并行性，可以进行多个个体的同时比较。遗传算法还具有良好的全局搜索能力，可以快速地将解空间中的全体解搜索出，而不会陷入局部最优解的快速下降陷阱，并且利用它的内在并行性，可以方便地进行分布式计算，加快求解速度。

遗传算法的缺点在于遗传算法的编程实现比较复杂：①需要对问题进行编码，找到最优解之后还需要对问题进行解码。②在另外三个算子的实现过程中也有许多参数，如交叉率和变异率，并且这些参数的选择严重影响解的品质，而目前这些参数的选择大部分是依靠经验。③没有能够及时利用网络的反馈信息，故算法的搜索速度比较慢，要得到较精确的解需要较多的训练时间。④算法对初始种群的选择有一定的依赖性，能够结合一些启发算法进行改进。⑤算法的并行机制的潜在能力没有得到充分的利用，这也是当前遗传算法的一个研究热点方向。

⊛ 5.3.3 知识图谱

知识图谱旨在描述真实世界中存在的各种实体或概念及其关系，其构成一张巨大的语义网络图，节点表示实体或概念，边则由属性或关系构成。现在的知识图谱已被用来泛指各种大规模的知识库。知识图谱（见图 5-18）中包含三种节点，其基本形式为实体—关系—实体、实体—属性—属性值。

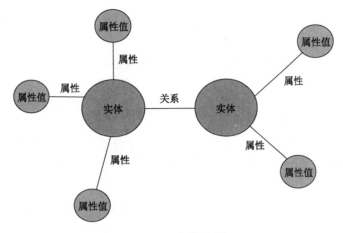

图 5-18　知识图谱

1．知识图谱相关介绍

2012 年 5 月 17 日，Google 正式提出了知识图谱（Knowledge Graph）的概念，其初衷是为了优化搜索引擎返回的结果，增强用户搜索质量及体验。知识图谱也是人工智能、知识工程的重要分支，目的在于模仿人类的思维方式，对大数据时代高效的知识管理、知识获取、知识共享具有深远的意义。目前，知识图谱已应用于众多领域，并且展示出重要作用，如智能辅助搜索、智能辅助问答、智能辅助决策、辅助 AI、垂直领域等方面。

1）知识图谱的分类

按照研究内容来划分，知识图谱可以分为文本知识图谱、视觉知识图谱和多模态知识图谱等。文本知识图谱主要以文本为研究内容，以文本样本构建，对文本知识进行知识表示、知识推理等操作，主要应用于语义检索、深入搜索、情报分析等方面。视觉知识图谱主要以图像为研究内容，以图像样本构建，对图像进行知识表示、知识加工、推理更新等操作，存在实体难以获取、实体间关系复杂难以建模等难点，主要应用于语义图像检索、对文本关系的真假进行判断等方面。多模态知识图谱在构建中需要进行知识表示、知识推理更新等操作，它的每一步构建过程都需要所有的多模态样本，它在生活中有更加广泛的应用，如实现视觉和文本相结合的知识问答等方面。

2）知识图谱的关键技术

（1）知识抽取技术。知识图谱的数据来源包括文本、图像、传感器、视频等，总体上可分为从网页上获取数据和从数据库等数据集合抽取得到。数据来源广泛，如何从不同数据源的抽取构建知识图谱所需的实体、属性和关系等，成为知识图谱构建的关键技术，抽取的知识越完整，所构建的知识图谱越全面，利用价值也越高。目前，常见的实体抽取方法主要包括基于规则、基于统计机器学习和基于开放域的抽取方法。关系抽取方法主要包括基于规则和基于开放式关系的抽取方法。属性抽取方法主要包括基于规则和基于启发式算法的插取方法。然而互联网网页种类繁多,形式不一,存在大量的广告,导致其很难通过一种或几种知识抽取方法对知识进行有效、准确的抽取。

(2)知识表示技术。知识表示研究的是如何实现对现实世界中的事物及事物相关关系的建模,赋予数据符合人类表达的逻辑信息,使人与计算机之间进行无障碍沟通。目前常用的知识表示方法主要包括基于语义网络的表示方法、基于产生式规则的表示方法、基于框架的表示方法、基于逻辑的表示方法、基于语义本体的表示方法等,各种表示方法具有不同的知识表达能力。在这些表达方法中,目前研究较多的是基于描述逻辑的表示方法。知识表示与知识存储技术密切相关,也需要进行研究。

(3)知识推理技术。在知识图谱中,由于数据来源的不全面和抽取过程的不准确,需要利用已有的知识图谱事实和推理技术进一步从语义网和其他相应的知识库挖掘出缺失的和更深层次的实体与关系的联系,实现知识图谱补全和知识图谱去噪等问题,进而使知识图谱更加丰富和完善。目前,知识推理的方法主要包括:①基于传统方法的推理,其又包括基于传统规则推理的方法和基于本体推理的方法;单步推理;基于分布式表示的推理(基于转移的表示推理、基于张量/矩阵分解的表示推理、基于空间分布的表示推理)。②基于神经网络的推理;混合推理,混合规则与分布式表示的推理、混合神经网络与分布式表示的推理;多步推理,基于规则的推理(基于全局结构的规则推理、引入局部结构的规则推理),基于分布式表示的推理,基于神经网络的推理(神经网络建模多步路径的推理、神经网络模拟计算机或人脑的推理);混合推理(混合 PRA 与分布式表示的推理、混合规则与分布式表示的推理、混合规则与神经网络的推理)。各种推理方法具有不同的推理能力,大体上,混合多步推理比混合单步推理,获得了更好的推理性能,但目前的混合推理依然局限于两种方法的混合,未来多种混合推理将值得更深入的研究,以进一步提高可解释性和计算效率。为此,知识推理技术的未来研究主要是面向多元关系的知识推理、融合多源信息与多种方法的知识推理、基于小样本学习的知识推理、动态知识推理等方向,进一步提高推理速度和保证推理的时效性,为用户时刻提供最新的、准确的知识。

2. 知识图谱发展面临的问题

目前知识图谱数据模型尚未统一和标准化,相应的知识图谱文本查询语言也正处于开发阶段,还没有一套完善的可视化语法与语义作为可视化查询语言的理论基础。因此,设计一套统一的可视化查询语言,是知识图谱领域的一个重要研究方向。将可视化前沿技术与知识图谱的数据模型相结合,从而更好地展示知识图谱丰富的语义信息。目前的可视化技术主要注重于数据的展示,并不能有效地表达知识图谱中蕴含的语义关联信息。因此,如何把可视化技术与知识图谱数据模型进行结合,将可视化技术最前沿的方法用于表达和查询知识图谱中丰富的语义信息,将是未来一个重要的研究方向。对已有的知识图谱可视化技术进行优化，以适配领域特定知识图谱可视化查询。

5.4 机器博弈

伴随着时代的进步，计算机博弈（也称机器博弈）经历了起步、发展、成熟、飞跃四个阶段。依托各种形式的竞赛，极大地促进了学术交流，检验了新技术，推动了博弈的研究与发展。当前完备信息博弈技术相对比较成熟，非完备信息博弈和随机类博弈技术还需要进一步发展。计算机博弈是人工智能领域的重要应用，是研究人类思维和实现机器思维最好的实验载体，更是人工智能研究的"果蝇"。当人机大战已没有悬念，人工智能浪潮汹涌而至，基于机—机对战的计算机博弈大赛就格外引人注目。

⊙ 5.4.1 机器博弈概述

计算机博弈，也称为机器博弈，就是让计算机学习人的思维模式，像人类一样，能够思维、判断和推理，并做出理性决策，与人类选手或另一台计算机进行对弈，如国际象棋、六子棋、德州扑克等，也是人工智能领域的挑战性课题。它从模仿人脑智能的角度出发，以计算机下棋为研究载体，通过模拟人类棋手的思维过程，构建一种更接近人类智能的博弈信息处理系统，并可以拓展到其他相关领域，解决实际工程和科学研究领域中与博弈相关的难以解决的复杂问题。作为人工智能研究的一个重要分支，它是检验计算机技术及人工智能发展水平的一个重要方向，为人工智能带来了很多重要的方法和理论，极大地推动了科研进步，并产生了广泛的社会影响和学术影响。

1．机器博弈的发展

机器博弈的发展可分为起步阶段、发展阶段、成熟阶段和飞跃阶段这四个阶段。

起步阶段从 20 世纪 50 年代开始，世界上许多著名的学者都曾经涉足计算机博弈领域的研究工作，为机器博弈的研究与开发奠定了良好的基础。阿兰•图灵（Alan Turing）最早写下了能够让机器下棋的指令。"现代计算机之父"冯•诺依曼（John von Neumann）提出了用于博弈的极大极小定理。信息论创始人克劳德•艾尔伍德•香农（Claude E.Shannon）首次提出了国际象棋的解决方案。人工智能的创始人麦卡锡（John McCarthy）首次提出"人工智能"这一概念。1958 年，阿伯恩斯坦（Alex Bernstein）等，在 IBM704 机上开发了第一个成熟的达到孩童博弈水平的国际象棋程序。1959 年，人工智能的创始人之一塞缪（A.L.Samuel）编了一个能够战胜设计者本人的西洋跳棋程序，1962 年该程序击败了美国的一个州冠军。研究机器博弈的学者发现，博弈程序的智能水平与搜索深度有很大关系。他们研究的内容主要涉及：如何建立有效、快速的评价函数和评价方法，使评价的效率更高，花费的时间和空间的代价更小；如何在生成的博弈树上更准确有效地找到最优解，并由此发展出来各种搜索算法。

发展阶段从 20 世纪 80 年代末开始，随着计算机硬件和软件技术的不断发展，计算机博弈理论日趋完善，学者们开始对"计算机能否战胜人脑"这个话题产生了浓厚的兴趣，并提出了以棋类对弈的方式，向人类发起挑战，计算机博弈研究进入了快速发展的阶段。在国外，1986 年 7 月，Hinton 等在《自然》（Nature）杂志上发表论文，首次系统、简洁地阐述了反向传播算法在神经网络模型上的应用，给机器学习带来了希望，掀起了基于统计模型的机器学习热潮。1989 年 IBM 公司研制的"深蓝"在与世界棋王卡斯帕罗夫进行的"人机大战"中，以 0：2 败北。1995 年 IBM 更新了"深蓝"程序，并使用新的集成电路将思考速度提高到每秒 300 万步，在 1996 年与卡斯帕罗夫的挑战赛中以 2：4 败北。1997 年"超级深蓝"融入了更深的开发，以 3.5：2.5 击败了卡斯帕罗夫，这场胜利引起了世界范围内的轰动，它表明"计算机智能战胜了人类天才"。在我国，南开大学黄云龙教授和他的学生在 20 世纪 80 年代开发了一系列中国象棋程序；中山大学化学系教授陈志行在 90 年代初开发了围棋程序"手谈"，曾经获得世界冠军。

成熟阶段在 20 世纪末期，国内外有许多科研机构和学者在计算机博弈领域进行深入探讨和实质性的研究。随着极大极小算法（Minimax Algorithm）、α-β 剪枝、上限置信区间算法（Upper Confidence Bound Apply to Tree，UCT）、并行搜索算法、遗传算法、人工神经网络等技术日趋成熟，人工神经网络、类脑思维等科学也不断取得突破性进展，各种机器学习模型，如支持向量机、Boosting 算法、最大熵方法等相继被提出，计算机博弈研究进入了一个前所未有的阶段。2006 年，Hinton 和他的学生在《科学》（Science）杂志上发表了一篇关于用神经网络降低数据维数的论文，在学术界掀起了深度学习的浪潮。2007 年，《科学》杂志评出的人类十大科学突破中，包括了加拿大阿尔波特大学研究人员历时 18 年破解国际跳棋的研究成果，这是整个机器博弈发展史上的一个里程碑。2003 年，台湾交通大学吴毅成教授发明了六子棋（connect 6），目前被认为是最公平的棋类。之后，东北大学徐心和教授和他的团队研究开发了中国象棋软件"棋天大圣"，具有挑战国内中国象棋顶级高手的实力；北京邮电大学刘知青带领学生开发的"本手（LINGO）"围棋程序，能够战胜高水平业余围棋选手；哈尔滨工业大学王轩、南京航空航天大学夏正友分别带领学生开发了四国军棋博弈系统，这些程序都表现出较高的智能水平。

飞跃阶段在最近几年里，基于人工神经网络取得了突破性的进展。运用该技术，成功地解决了计算机博弈领域中的许多实际问题。2012 年 6 月，谷歌公司的 Google Brain 项目用并行计算平台训练出一种称为"深度神经网络"（Deep Neural Networks，DNN）的机器学习模型。2013 年 1 月，百度宣布成立"深度学习研究所"（Institue Of Deep Learning，IDL）。在 2015 年 10 月，以 5：0 击败了欧洲围棋冠军樊麾后，2016 年 1 月，谷歌 DeepMind 团队在《自然》（Nature）杂志上发表封面论文称，他们研发出基于神经网络进行深度学习的人工智能围棋程序阿尔法围棋（AlphaGo），能够在极其复杂的围棋游戏中战胜专家级人类选手。2016 年 3 月，谷歌公司的阿尔法围棋又以 4：1 战胜世界围棋冠军李世石，在学术界产生了空前的影响，这标志着计算机博弈技术取得重大成功，是计算机博弈发展史上新的跃迁。阿尔法围棋主要利用深度学习方法训练了两个网络：策略网络和价值网络。2018 年，阿尔法元（AlphaGo Zero）又横空出世，它主要使用强化学习算法，将价值网络和策略网络整合为一个架构，仅训练三天就以 100：0 击败了阿尔法围棋。2019 年年初，AlphaStar 在《星技争霸 2》中以 10：1 战胜了职业选手，又取得空前胜利，它主要使用了一种新的多智能学习算法。这些算法促进了人工智能技术的快速发展，在未来，它将得到更多应用，成为无数人工智能产业和服务的基础。

2. 机器博弈之腾讯人工智能

继围棋被攻克之后，多人在线战术竞技游戏（MOBA）已经成为测试检验前沿人工智能的动作决策和预测能力的重要平台。基于腾讯天美工作室开发的热门 MOBA 类手游《王者荣耀》，腾讯人工智能工作室正努力探索强化学习技术在复杂环境中的应用潜力。据介绍，此技术支持了腾讯此前推出的策略协作型人工智能（绝悟）1v1 版本，该版本曾在 2020 年 8 月上海举办的国际数码互动娱乐展览会首次亮相，在 2 100 多场和顶级业余玩家体验测试中胜率达到 99.8%。绝悟背后是一种名为强化学习的人工智能前沿技术，其思想源自心理学中的行为主义理论，因此该学习方法与人类学习新知识的方式存在一些共通之处。而游戏作为真实世界的模拟与仿真，一直是检验和提升人工智能能力的试金石，复杂游戏更被业界认为是攻克人工智能终极难题——通用人工智能（AGI）的关键一步。如果在模拟真实世界的虚拟游戏中，人工智能学会跟人一样快速分析、决策与行动，就能执行更困难复杂的任务并发挥更大作用。这也正是机器博弈更加进步的表现，表明了在更加复杂的环境下，人工智能的自我决策判断，以及做出各种反应能力的提升，为人工智能的发展贡献力量。

⊛ 5.4.2 人工智能的"果蝇"

那么什么是人工智能学科的"果蝇"（理想的研究载体）？本节将介绍机器博弈是人工智能的"果蝇"，它不仅简单方便、经济实用，还有着内涵丰富、变化无穷的逻辑思维，成为人工智能研究的最佳载体。一个小时就可以下一盘棋，就可以对计算机的"智能"进行测试，而且可以悔棋、重试、复盘，可以一步步地发现计算机与人脑功能的差距，从而不断地提高计算机的智力水平。让计算机学会下棋打牌，尤其是和人类精英对决，这是机器博弈领域长期的奋斗目标，也是人工智能学科极富挑战性的研究课题。为能在这一新兴的研究领域取得更快更多的突破性进展，有力发挥机器博弈的"果蝇"作用，有必要很好地明确机器博弈当前所面临的挑战性问题。

1. 机器博弈对人工智能的贡献

近年来，计算机博弈给人工智能带来了很多重要的方法和理论，在二人零和完备信息博弈研究方面，其知识结构系统层次清晰，已经取得了许多惊人的成果，其中，关于基于神经网络深度学习技术的研究与运用，已经达到新的高度。一方面，在中国象棋、围棋等完全信息的计算机博弈中，尽管状态空间和搜索树复杂度都较大，但经过大量学习与训练，结合人规模搜索算法，计算机占尽优势。另一方面，对于军棋、麻将、桥牌、扑克等非完备信息博弈，以及具有模糊性和随机性的不确定性博弈，虽然在基于案例的策略研究方面有了一定进展，但因其相关理论研究还不成熟，相应的程序智力有限，仍难以战胜人类精英。因此，在非完备信息和不确定性机器博弈方面，具有高效学习与抽象思维能力的博弈技术还有待进一步研究。另外，在计算机博弈平台方面的研究投入相对较少，对计算机博弈技术的发展也有所制约。

2. 机器博弈在未来的发展

计算机博弈研究的内容将不断拓宽，所处理问题的复杂程度越来越高，信息量将越来越大。为解决某类特定问题，技术方法将集成化，计算机博弈技术将与并行计算、大数据技术等相关技术结合。计算机博弈技术也将呈现高度智能化趋势，通过与遗传算法、人工神经网络、类脑思维等人工智能技术进一步融合，类似基于神经网络深度学习的智能技术将大量涌现，使得计算机博弈程序的类脑智能越来越高，甚至在某些领域超过人类智力。

⊙ 5.4.3 机器博弈的发展趋势

计算机博弈是人工智能领域的重要研究方向。机器博弈方面的研究成果是很容易应用到其他需要人类智能的领域的。国际象棋的计算机博弈已经有了很长的历史，并且经历了一场波澜壮阔的"搏杀"。中国象棋计算机博弈的难度绝不亚于国际象棋，然而在中国，此类活动开展得却相对迟缓。但是中国人工智能学会决心迎头赶上，2005 年 11 月在武汉正式提出："向中国象棋冠军发起挑战"，这是在计算机领域和人工智能领域颇具挑战性的科研方向。相信它一定会得到越来越多的高等院校与 IT 公司的响应，激发越来越多青年科技工作者的创新热情，在中国掀起计算机博弈的热潮。近年来的实践已经证明了这一趋势。在机器博弈领域中，最具挑战性的项目是围棋，在国内外广大科研工作者的不懈努力下，相信在不久的未来也会看到围棋人机大战的精彩场面。目前，中国人工智能学会机器博弈专业委员会正在积极倡导在高校大学生和科研院所科技青年中开展机器博弈的科技竞赛活动，激发年轻人的创新热情和实践能力，推动机器博弈和人工智能事业的发展。

1．机器博弈面临的问题与展望

近年来，计算机博弈给人工智能带来了很多重要的方法和理论，在二人零和完备信息博弈研究方面，其知识结构系统层次清晰，已经取得了许多惊人的成果，其中，关于基于神经网络深度学习技术的研究与运用，已经达到新的高度。一方面，在中国象棋、围棋等完全信息的计算机博弈中，尽管状态空间和搜索树复杂度都较大，但经过大量学习与训练，结合大规模搜索算法后，计算机占尽优势。另一方面，对于军棋、麻将、桥牌、扑克等非完备信息博弈，以及具有模糊性和随机性的不确定性博弈，虽然在基于案例的策略研究方面有了一定进展，但因其相关理论研究还不成熟，相应的程序智力有限，仍难以战胜人类精英。因此，在非完备信息和不确定性机器博弈方面，具有高效学习与抽象思维能力的博弈技术还有待进一步研究。另外，在计算机博弈平台方面的研究投入相对较少，对计算机博弈技术的发展也有所制约。可以预见，在不久的将来，计算机博弈技术将融入各个领域的应用中，具体将体现在计算机博弈研究的内容将不断拓宽，处理的问题复杂程度越来越高，信息量将越来越大。为解决某类特定问题，技术方法将集成化，计算机博弈技术将与并行计算、大数据技术等相关技术结合、计算机博弈软件与硬件的结合将越来越密切，固化博弈系统的智能硬件产品将越来越多地出现在人们的生活中。典型的应用包括：有博弈思维能力机器人、智能决策控制系统的无人驾驶汽车和无人机。计算机博弈技术将与其他学科进一步融合，越来越紧密地应用于经济、生活、军事等领域，注重实际工程应用，解决实际问题。在虚拟现实仿真方面，特别是游戏与教育方面，拥有广阔的应用前景。计算机博弈技术将呈现高度智能化趋势，通过与遗传算法、人工神经网络、类脑思维等人工智能技术进一步融合，类似基于神经网络深度学习的智能技术将大量涌现，使得计算机博弈程序的类脑智能越来越高。合理拓展现有的博弈技术，深入研究更加智能的普适算法，构建一个通用的计算机博弈系统，将成为未来计算机博弈研究的重点。

2．机器博弈在大学的兴起

目前，国内本科生阶段开展计算机教学和研究的高等院校数量还不多。数据显示，北京、辽宁、黑龙江、重庆等地的高校计算机博弈研究起步相对较早，区域内院校对人工智能和计算机博弈的教学和研究支持力度较高。以黑龙江为例，每 2.72 万个本科在校学生就有 1 支队伍参赛，其参与程度约是山西地区的 14 倍。数据也反映出国内高校计算机博弈研究分布还不是很均衡，很多省份还处于空白状态或刚刚起步，普及推广计算机博弈的目标任重道远。国内举办计算机博弈大赛这种竞赛活动能激发在校大学生的创新精神，因为在比赛的过程中不仅能激发青年学生的创新热情，还能提高学生学习知识的积极性和运用知识的能力。因此，机器博弈是一项很好的学生科技活动，应该在全国高校中开展民间棋类的计算机博弈竞赛，就像电子大赛、数模大赛那样持久地开展下去，就像学校体育运动会一样年年举办，成为全国智力运动会在学校的落地项目。由于掌握基础的计算机编程语言就具备了参加计算机博弈竞赛活动的基础，因而该大赛能吸纳一年级新生参与，并将逐步发展为一种寓教于乐的提高青年计算机应用能力的实践教学形式。

5.5 智能机器人

机器人是一种可编程和多功能的，能用来搬运材料、零件、工具的操作机，或是为了执行不同的任务而具有可改变和可编程动作的特定系统。智能机器人则是一个在感知—思维—效应这三方面全面模拟人的机器系统。它就是人工智能技术的综合试验场，可以全面地结合人工智能各个领域的技术，研究它们相互之间的关系，还可以在危险环境或者中小空间中代替人从事危险工作、抢险作业等。智能机器人应该具备三方面的能力：感知环境的能力、执行某种任务而对环境施加影响的能力和把感知与行动联系起来的能力。智能机器人与工业机器人的根本区别在于，智能机器人具有感知功能与识别、判断及规划功能。

⊙ 5.5.1 智能机器人概述

一般机器人是指不具有智能，只具有一般编程能力和操作功能的机器人。在世界范围内还没有一个统一的智能机器人定义。大多数专家认为智能机器人至少要具备以下三个要素：一是感觉要素，用来认识周围环境状态；二是运动要素，对外界做出反应性动作；三是思考要素，根据感觉要素所得到的信息，思考出采用什么样的动作。

1. 智能机器人的分类

智能机器人大体分为工业机器人、初级智能机器人、高级智能机器人这三大类。工业机器人（见图 5-19），只能死板地按照人给它规定的程序工作，不管外界条件有何变化，它都不能对程序也就是对所做的工作做相应的调整。如果要改变机器人所做的工作，必须由人对程序做相应的改变，因此它是毫无智能的。初级智能机器人，和工业机器人不一样，具有像人一样的感受、识别、推理和判断能力，可以根据外界条件的变化，在一定范围内自行修改程序，也就是它能适应外界条件变化对自己做相应调整。这种初级智能机器人已拥有一定的智能，虽然还没有自动规划能力，但这种初级智能机器人也开始走向成熟，达到实用水平。高级智能机器人，和初级智能机器人一样，具有感觉、识别、推理、判断能力，同样可以根据外界条件的变化，在一定范围内自行修改程序。有所不同的是，高级智能机器人修改程序的原则不是由人规定的，而是机器人通过学习、总结经验来修改的，所以它的智能高出初级智能机器人。这种机器人已拥有一定的自动规划能力，能够自己安排自己的工作。

图 5-19　工业机器人

2．智能机器人的体系结构

关于智能机器人，其体系结构可以明确各部分功能分配、信息流通关系，以及相互关系，并获得逻辑计算结构。智能机器人出于完成任务的目的，要建立科学的体系结构。现阶段，体系结构可以结合执行、规划、感知等进行划分，大体可分为混合型、包容型、慎思型等范式。

1）传统范式分类及问题

关于智能机器人，其系统范式可以界定某一问题的技术、假设，既是解决问题的工具，也是看待智能的方式。体系结构属于实例，范式属于抽象类，结合机器人体系结构，范式包括三种：一是分层范式；二是反应范式；三是反应/慎思混合范式。关于传统分类方法，其自信息流动方向入手，但没有明确说明产生过程。另外，机器人要具备较高的适应性，在系统设计机器人时，学习能力是重要因素，但传统范式，没有考虑学习能力。

2）智能产生方式范式分类

就智能产生方式而言，机器人系统可以划分为五种：一是基于知识的范式；二是基于行为的范式；三是基于学习的范式；四是基于进化的范式；五是基于认知的范式。关于基于知识的范式，其意味着程序员可以借助编程，把知识输入机器。在自动推理与证明、专家系统领域，这一方法是适用的，但是其使用范围有限，即其只适用于抽象思维、逻辑推理知识。另外，基于环境复杂性的限制，有些知识是无法输入到机器中的。就传统分层范式而言，借助符号化知识予以决策，即基于知识的范式。关于基于行为的范式，其意味着在编写程序时，要完成机器人自主感知周边环境，同时做出反应的任务，并且在机器人内部存在大量并行的简单指令，结合优先级的不同，可以进行简单组合，从而做出复杂行为。换言之，其等价于传统反应范式。关于基于学习的范式，其意味着程序员会结合特定问题，编写学习程序。该种学习范围有限，只针对特定任务，即输出、输入均受到约束。借助人为的方式，可以输入特定知识结构，通过学习过程，持续调整其中参数。在以往研究中，机器人模式识别、学习等方法，只针对特定任务，也是基于学习的范式。关于基于进化的范式，其主要按照生物演化规律。首先，提出机器人知识结构；其次，将其放置在运行环境中自行淘汰，发育；最后，选取新的后代。在这一过程中，机器人的参数、知识结构处于变化状态。在模拟环境中，此种范式比较适用；而在现实环境中，由于机器人造价高，进化耗时过长，其使用起来具有一定的难度。为此，诞生了"进化机器人"，其既继承了这一范式，又进行了适当的发展。关于"进化机器人"，其意味着在进化机制中，不断融入符号、联结机制，促使机器人在交互中，自主实现控制系统。关于基于认知的范式，其重点是机器人的认知过程，相比较进化过程，二者是有区别的，进化意味着整个历史的生命进化，认知注重机器人的自主学习，与机器人学习相关。在这一过程中，机器人主动认知世界，主动与环境交互，并形成内在知识。相比较基于学习的范式，其最大的不同是学习范围更广阔，即任何知识，不需要编程特定任务。

3. 智能机器人的关键技术

在社会环境不断发展变化的环境下，智能机器人技术也处于快速发展状态。各行各业对智能机器人及其应用都提出了更高的要求。在实际应用中，智能机器人所面对的环境大多都是难以预估的，因此在智能机器人研发中，需要运用以下关键技术来保障智能机器人的应用。关键技术有多传感器信息融合技术、机器人视觉技术、智能控制技术等。

在智能机器人设计中涉及的传感器类型众多，可以分为内部与外部传感器。其中，内部传感器可实现对智能机器人组成部件内部状态的有效检测，涉及的传感器包括角度传感器、方位角传感器、加速度传感器等；外部传感则包括力矩传感器、滑动觉传感器、认识传感器等。现阶段，多传感器信息融合方法包括神经网络、贝叶斯估计、卡尔曼滤波等。视觉系统的是智能机器人不可或缺的一部分，主要由计算机、摄影设备及图像采集设备构成。机器人视觉系统工作过程主要有图像采集、图像分析、图像输出等，其中，图像特征分析、图像辨别、图像分割均为关键任务。近几年来，伴随着视觉信息处理技术的成熟，视觉信息压缩滤波特定环境标志识别、环境和故障物检测等。其中，环境与故障物探测是视觉信息处理中难度最大、最核心的过程。智能计算机科研人员研发了不同形式的机器人智能控制系统，主流的控制方式主要有模糊控制与神经网络控制的结合，神经网络与变结构控制的融合，神经网络、模糊控制、智能控制技术的融合等。

⊙ 5.5.2 智能机器人的发展历史

随着科技时代步伐，中国现代经济不断发展，随之而来的是各行业成本的不断增加，而高新技术领域的发展，提升国家各产业的自动化管理，对于我国从劳动型产业向技术型产业的进阶有着重大影响。智能机器人是第三代机器人，这种机器人带有多种传感器，能够将多种传感器得到的信息进行融合，以有效地适应变化的环境，具有很强的自适应能力、学习能力和自治功能。

1. 智能机器人的发展现状

目前，处在研制中的智能机器人智能水平并不高，只能说是智能机器人的初级阶段。当前，智能机器人研究中的核心问题有两方面：一方面，提高智能机器人的自主性，这是就智能机器人与人的关系而言的，即希望智能机器人进一步独立于人，具有更为友善的人机界面。从长远来说，希望操作人员只要给出要完成的任务，机器就能自动形成完成该任务的步骤，并自动完成它。另一方面，提高智能机器人的适应性，提高智能机器人适应环境变化的能力，这是就智能机器人与环境的关系而言的，希望加强它们之间的交互关系。智能机器人涉及许多关键技术，这些技术关系到智能机器人的智能性能的高低。这些关键技术主要有以下几个方面：多传感信息融合技术，多传感器信息融合就是指综合来自多个传感器的感知数据，以产生更可靠、更准确或更全面的信息，经过融合的多传感器系统，能够更加完善、精确地反映检测对象的特性，消除信息的不确定性，提高信息的可靠性；导航和定位技术，在自主移动机器人导航中，无论是局部实时避障还是全局规划，都需要精确知道机器人或障碍物的当前状态及位置，以完成导航、避障及路径规划等任务；机器人视觉技术，机器人视觉系统的工作包括图像的获取、图像的处理和分析、输出和显示，核心任务是特征提取、图像分割和图像辨识；智能控制技术，智能控制方法提高了机器人的速度及精度；人机接口技术，人机接口技术是研究如何使人方便、自然地与计算机交流的。在各国的智能机器人发展中，美国的智能机器人技术在国际上一直处于领先地位，其技术全面、先进，适应性也很强，性能可靠、功能全面、精确度高，其视觉、触觉等人工智能技术已在航天、汽车工业中广泛应用。日本由于一系列扶植政策，各类机器人包括智能机器人的发展迅速。欧洲各国在智能机器人的研究和应用方面在世界上处于公认的领先地位。中国起步较晚，而后进入了大力发展的时期，以期以机器人为媒介物推动整个制造业的改变，推动整个高技术产业的壮大。

2. 智能机器人应遵守的规则

人工智能机器人的发展最危险的是使技术失去人类的控制，或者人工智能机器人落入不法分子的手中成为攻击人类、影响社会稳定的武器，进而威胁社会的安全。因此，相关专家针对人工智能机器人提出三个守则：第一，人工智能机器人不可以对人类造成威胁，同时也不能对人类遭到的破坏袖手旁观；第二，机器人绝对服从人类，不包括这种服从对人类存在伤害；第三，机器人必须要自我保护，除非是面对人类的保护选择问题或者人类已经给出牺牲的指令。如果未来的人工智能发展中严格遵循这三个守则，那么将更有利于人工智能机器的推广，人类也更容易接受人工智能机器人。

⊛ 5.5.3　机器人的智能

以前对机器人的应用主要集中在结构化、相对固定的环境，环境中不允许出现对机器人工作造成影响的不确定因素，这就大大限制了机器人的应用范围。如果机器人想要在更复杂的环境中得到应用，其必须具备学习能力。在复杂环境中，机器人应该能够根据所处环境的不同，通过学习不断加深对环境特征的认识，并逐渐提高自己完成工作任务的能力。通过不断的学习，使得机器人可以变得更加聪明，并具有应对突发状况的能力，大大降低对机器人执行程序的设计要求。因此，学习能力是在未来复杂环境下工作的机器人必须拥有的能力，能有效解决机器人工作环境当中的不确定因素对机器人的工作造成的影响，是全面实现机器人代替人工工作的基础，能够把人类从沉重的劳动中解放出来。

1．智能机器人智能程度分类

一般的智能机器人根据其智能程度不同，可分为以下三种类型：①传感型。机器人的本体上没有智能单元，只有感应和执行机构，它具有利用传感信息（包括视觉、听觉、触觉、力觉和红外、超声及激光等）进行传感信息处理、实现控制与操作的能力。②交互型。机器人通过计算机系统与操作员或程序员进行人机对话，实现对机器人的控制与操作。虽然具有了部分处理和决策功能，能够独立地实现一些诸如轨迹规划、简单的避障等功能，但是还要受到外部的控制。③自主型。机器人无须人的干预，能够在各种环境下自动完成各项拟人任务。自主型机器人的本体上具有感知、处理、决策、执行等模块，可以独立地活动和处理问题。全自主移动机器人涉及诸如驱动器控制、传感器数据融合、图像处理、模式识别、神经网络等许多方面的研究。现有的智能机器人的智能水平还无法达到自主型，因此在今后的发展中，努力提高各方面的技术及其综合应用，大力提高智能机器人的智能程度，提高智能机器人的自主性和适应性，才是智能机器人发展的重中之重。

2．未来智能机器人的发展

目前，第三次科技革命已经接近尾声，第四次也即将开始，智能机器人等人工智能应用即将迎来它们的时代。如今，越来越多的国家意识到智能机器人的重要性，先后开始了相应的研究，因此，我们也不能落后。未来智能机器人也不会只是技术的代表，机器人还将朝着语言交流化、动作协调化、外形美观化的方向发展，越来越趋于完美。我们应当权衡智能机器人的利弊，将其运用在引导人类进化、社会发展的方面。

5.6 无人驾驶

众所周知，21 世纪是一个人工智能和"互联网+"技术蓬勃发展的时代，这也为汽车产业带来了新的发展前景，无人驾驶成为最新发展热点，它主要依靠车内以计算机系统为主的智能驾驶仪来实现无人驾驶。无人驾驶汽车一般是利用车载传感器来感知车辆周围环境，并根据感知所获得的道路、车辆位置和障碍物信息，控制车辆的转向和速度，从而使车辆能够安全、可靠地在道路上行驶。无人驾驶汽车集自动控制、体系结构、人工智能、视觉计算等众多技术于一体，是计算机科学、模式识别和智能控制技术高度发展的产物。

⊙ 5.6.1 无人驾驶概述

无人驾驶即无人化的驾驶，它是由使用者自主地在车载计算机中输入想要到达的目的地，通过定位导航技术对所输入的目的地进行定位，再由车载计算机进行路线规划，通过自动控制技术，让汽车行驶在所规划的路线。在行驶过程中，借助计算机视觉，对道路的实时情况信息进行采集，并传达给车载计算机进行分析，针对分析结果，控制汽车做出相应的反应，在无人驾驶的情况下，把使用者安全地送达目的地。在此技术中，融入了人工智能技术，使用者可以通过语音输入来控制车速、车距和车内的温度等一系列行驶状态，从而实现智能化人机交互，大大提高了汽车使用的舒适性和智能性。如图 5-20 所示为广州下线的无人驾驶车队。

图 5-20 无人驾驶车队

1. 无人驾驶汽车技术的制约因素

在我国，无人驾驶汽车技术依旧处于开发的起步阶段。目前，我国一汽红旗、上汽、北京汽车、奇瑞等自主品牌开始研发无人驾驶汽车技术，并取得了初步的成果。最近，国防科技大学机电工程与自动化学院和中国第一汽车集团公司联合研发的红旗旗舰无人驾驶轿车，其总体技术性能和指标已经达到世界先进水平。该车装备了摄像机、雷达，可以自己导航，对道路环境、障碍物进行判断识别，自动调整速度，不需要人做任何干预操作。与电子巡航、GPS 导航不同的是，它的定位更加精确，转弯和遇到复杂情况时也不需要人来控制。研究显示，制约无人驾驶汽车产业化的因素主要有技术因素、人为因素、制造成本、驾驶法律等几个方面。如图 5-21 所示为无人驾驶汽车的相关装置示意图。

图 5-21　无人驾驶汽车的相关装置示意图

①技术因素。当前影响研发人员最主要的问题就是汽车视觉性能的提高。如何使计算机系统拥有与人相同的视觉能力，一直是困扰研发工作者的难题。当前的计算机视觉还处于低水平状态，无人驾驶汽车采用的是激光扫描仪，若固体障碍物或者是突然出现的物体，扫描仪就不能识别，无人驾驶汽车不但要观察周边的汽车，还要对周边的人、道路标示、车道等进行实时监测，同时还要具备预测和预警功能。若在雪地行驶，无人驾驶汽车无法检测到"指挥"自己行驶的道路标示。②人为因素。当无人驾驶汽车行驶在依靠手势指挥的区域时，会因"看不懂"无法正常行驶，或遇到交警手势与交通灯发生冲突时，无人驾驶汽车计算机就无法做出正确判断。此外，在汽车需要通过事故区域、漏风建设区域时，无人驾驶汽车的行驶也会出现问题，汽车必须要精准判断其他车辆行为、交通信号灯、停车标志、限度标牌等，才能够实现安全行驶。③成本问题。无人驾驶汽车虽然在汽车上投入的资金较少，但是无人驾驶依靠性能稳定的传感器和其他电子设备，这些电子设备的造价不菲，所以成本也成了制约无人驾驶汽车发展的瓶颈。④法规问题。虽然国外已经有国

家通过了无人驾驶汽车上路，但是对环保性能、安全性能、事故的认定及保险的索赔都存在着极大的分歧。此外，无人驾驶汽车的一个最大特点，就是车辆网络化、信息化程度极高，而这也对计算机系统的安全问题造成了极大的挑战。

2. 无人驾驶技术为汽车方面带来的好处

在现代文明的发展过程中，对汽车安全性能、舒适性能及排放性能有着更加严格的要求，因此，汽车智能控制程度越来越高。随着汽车保有量井喷式的增长，路面交通变得日益拥堵，给人们的出行带来了极大不便。无人驾驶汽车可以提高汽车安全性能、舒适性能，改善排放性能，也可以使路面交通变得不再拥堵，还减少了交通事故的发生等优点。据世界卫生组织统计，全球每年有 124 万人死于交通事故，这一数字在 2030 年可能达到 220 万人。无人驾驶汽车可以大幅降低交通事故数量，为此能挽救数百万人的生命。无人驾驶汽车还能避免一些因为驾驶员的失误而造成的交通事故，并且可以减少酒后驾驶、恶意驾驶等行为的出现，从而有效提高道路交通的安全性。无人驾驶汽车的普及意味着不必再到处寻找停车位置，因为在被送到目的地后，它会自己寻找最理想的停车位，而不再是就近停靠，可以有效缓解商场、酒店、车站等人流密集地方停车场的压力。即使你选择购买无人驾驶汽车，也无须为寻找停车位发愁，因为它可以自己寻找空间泊车，这对城市的影响非常大。而随着汽车保有量的下降，对停车场的需求也会下降，停车场可被改造为居住空间。

⊙ 5.6.2　无人驾驶等级划分

无人驾驶车辆（也称轮式移动机器人）能够依靠自身携带的传感器感知车辆周围环境，根据任务要求实时决策执行，以保证车辆的安全性和稳定性。美国国家科学委员会指出，无人平台加入战场将是未来军事发展的一个必然趋向。世界各国也越来越关注无人驾驶车辆技术，并相继投入相关研究和开发中。越来越多的车企也陆续将无人驾驶技术加到自己的车系中，并加大在无人驾驶方面的研究投入；各大车企无人驾驶汽车相继出现，无人驾驶车辆技术在未来汽车行业将成为一个新亮点。一套完善的评测系统对无人驾驶车辆智能水平的评价是至关重要的，评测模块将按照给定的评测系统对无人驾驶车辆的智能行为做出评价。2003 年，美国国家标准研究院提出并建立了针对地面无人平台分类和评估的无人系统自主级别（ALFUS）框架，从此测评体系有了规范性框架和理论指导。

1. 无人驾驶车辆智能水平等级划分

ALFUS 评测框架根据美国国家标准与技术研究院启发式定性评价体系的 ALFUS 评测框架，生成 10 个相对应的自主等级。当无人系统完全由人工控制、无自主性时，即代表智能水平为 0 级；第 10 级表征任务极其复杂、环境极端恶劣，能够完全自主，自主水平优秀；7～9 级表征任务复杂性、协作性要求高、环境复杂、自主水平良好；4～6 级表征任务难度中等、环境复杂程度中等、自主水平中等；1～3 级表征环境简单、任务要求较低、自主水平差。基于这 10 级评价，智能无人系统的自主性程度差别可以直观地从等级划分中体现出来。

　　无人驾驶车辆人工干预程度。根据人工干预程度在无人驾驶车辆行驶过程中所占比例将无人驾驶车辆进行五等级划分：一级（远程控制），无人驾驶车辆不能进行自我决策且无自主性，需要操控人员进行环境感知和理解、路径分析和规划并由操控人员进行决策。无人驾驶车辆的行为受操控人员干预程度较大。二级（远程操作），操控人员根据无人驾驶车辆感知的周边环境信息进行分析、规划和决策，感知任务大部分由操控人员进行，操控人员根据无人驾驶车辆提供的感知信息控制其行为。三级（人为指导），操控人员接收无人驾驶车辆的环境感知报告。由操控人员进行大部分的分析、规划和决策任务，由操控人员和无人驾驶车辆共同进行感知和任务执行。四级（人为辅助），操控人员接收无人驾驶车辆的环境感知报告。由操控人员和无人驾驶车辆共同进行分析、规划和决策任务，由无人驾驶车辆进行大部分的感知和任务执行。五级（自主），在满足无人驾驶车辆执行能力的条件内，任务分析、路径规划和行为决策在很大程度上由无人驾驶车辆来承担。无人驾驶车辆不受操控人员控制，操控人员对无人驾驶车辆的行为基本无干预。操控人员接收无人驾驶车辆的环境感知报告，由无人驾驶车辆独立承担所有的环境感知和任务执行，并且完成任务分析、路径规划和行为决策，协作可能要由操控人员来完成。

　　无人驾驶车辆环境复杂度。无人驾驶车辆对环境的识别往往是评价其智能水平最紧密的参数之一。无人驾驶车辆的智能水平等级根据对无人驾驶车辆的行车行为表现及交通行为表现的分析进行划分。真实道路具有复杂性和不可预测性。无人驾驶车辆的认知能力与交通环境的变化有关。根据车辆行驶环境，将环境复杂度进行五等级划分。一级（环境复杂度最低）：简单道路（直道）、路况平坦（无坑洼）、天气良好、光照良好、行人少、路口少，交通灯、交通标志少。二级（环境复杂度低）：一般道路（直道、弯道），路况一般（有较小坑洼），光照一般，动态行人较多，较复杂路口，有交通灯、交通标志。三级（环境复杂度中等）：较复杂道路（简单车道线，减速带等）、路况较恶劣（车辙、坑槽、路面破损等）、光照较弱、动态行人多、相对复杂路口、交通灯、交通标志较多。四级（环境复杂度高）：复杂道路（复杂车道线、绿化带、分离带等）、路况恶劣（泥泞土路、松散沙路、水坑等）、阴天、光照弱、较多动态的行人，机动车及非机动车等，复杂路口、交通灯、交通标志多。五级（环境复杂度最高）：特别复杂道路（立交桥，各种车道、匝道，指示牌，道路信息牌等），路况极端恶劣（积水、积雪、落叶、遗撒物等障碍物覆盖），雨天、雪天、雾天等极端天气光照最弱，动态行人最多（学校、医院、拥挤路口等），有高速行驶车辆，极其复杂路口，交通灯、交通标志最多。

　　无人驾驶车辆任务复杂度。任务规划能力的自主性体现在无人驾驶车辆根据突发状况进行任务规划与重规划的能力。对无人驾驶车辆完成单项多组任务的能力进行测试，以独立完成任务的数量和质量为依据对无人驾驶车辆任务复杂度进行五等级划分。一级远程控制启动、刹车、停车,无感知能力和决策能力。二级直线车道保持、停车线停车、GPS 导航性能、限速,能够对车道线、停车线进行识别,完成路径规划及停车行为决策。三级车距保持、弯道车道保持、避让静态障碍物并返回原车道,能够对路面拓扑结构、车辆、障碍物进行识别及车距检测,完成弯道、跟车行为决策及路径规划。四级语音指令停车、避让动态障碍物并返回原车道、泊车、紧急制动、GPS 信号缺失时的导航性能,能够对障碍物、语音、车道线、停车位进行识别,并具有车辆位置信息丢失下的基本行车行为的稳健性,完成局部路径规划及泊车行为决策。五级识别道路标志后的车速和路径规划、紧急声音的车速和路径规划、信号灯停车排队,能够对道路标志、警车、救护车、救火车鸣笛语音、交通信号灯标志、车辆识别,完成道路标志、紧急声音、交通信号灯认知下的行为决策、局部路径规划及全局路径规划。

无人驾驶车辆智能水平等级划分。无人驾驶车辆智能行为的表现直接决定了无人驾驶车辆智能水平等级。对无人驾驶车辆智能水平的评价取决于环境复杂度、任务复杂度、人工干预程度、行驶质量。如表 5-2 所示,无人驾驶车辆的综合等级对应 10 个智能水平等级,根据综合等级的高低(A 最高,E 最低)来评价无人驾驶车辆智能水平高低。例如,如果任务复杂度最高、环境复杂度最高、人工干预度最小,则综合等级为 A,A,A。

表 5-2　无人驾驶车辆的综合等级

智能水平等级	人工干预程度（HI）	环境复杂度（EC）	任务复杂度（MC）	二者综合等级（HI, EC, MC）	行驶质量
0	100%由人来控制的车辆				实际轨迹与理想轨迹重合度低,任务完成时间长/未完成,安全性低
1	大	最低	独立完成任务个数最少,任务难度最低	(E, E, E)	
2				(D, E, E);(E, D, E)(E, E, D)	
3	较大	低	独立完成任务个数少,任务难度低	(D, D, E);(D, D, D)(E, D, D)	实际轨迹与理想轨迹重合度中/低,任务完成时间中/长/未完成,安全性中/低
4				(C, D, D);(D, C, D)(D, D, C);(D, D, D)	
5	中等	中等	独立完成任务个数中等,任务难度中等	(C, C, D);(C, D, C)(D, C, C)	实际轨迹与理想轨迹重合度高/中,任务完成时间短/中,安全性高/中
6				(B, C, C);(C, B, C)(C, C, B);(C, C, C)	
7				(B, B, C);(B, C, B)(C, B, B)	

续表

智能水平等级	人工干预程度（HI）	环境复杂度（EC）	任务复杂度（MC）	二者综合等级（HI，EC，MC）	行驶质量
8	小	高	独立完成任务个数多，任务难度高	(A, B, B)；(B, A, B)(B, B, A)；(B, B, B)	实际轨迹与理想轨迹重合度高/中，任务完成时间短/中，安全性高/中
9				(A, A, B)；(A, B, A)(B, A, A)	实际轨迹与理想轨迹重合度高，任务完成时间短，安全性高
10	最小	最高	独立完成任务个数最多，任务难度最高	(A, A, A)	

2. 无人驾驶汽车行业发展前景

目前，国内外对无人驾驶汽车的研究方向大致有以下三个方面：高速公路环境下的无人驾驶系统；城市环境下的无人驾驶系统；特殊环境下的无人驾驶系统。

无人驾驶汽车目前虽已走进人们的视线，但其技术还在探索和完善当中，因为无人驾驶的相当多的科学技术还处于概念阶段及研发测试过程，需要一定的时间才能达到真正的推广。随着科学技术的不断发展及政策的大力支持，无人驾驶汽车的量产可能已经提上日程。其中，我国无人驾驶汽车量产时间更是指日可待。

目前，仍有三大因素制约着国内外无人驾驶技术的发展：技术安全、法规伦理、过渡风险。由于无人驾驶汽车还处在研发测试阶段，导致其产品存在一些问题及技术不成熟，但无人驾驶汽车依然成为汽车产业的热点和前沿技术，而且一些机构认为，无人驾驶产业发展已超出市场预期目标，因此有相当多的公司和企业对无人驾驶的前景表示乐观。随着无人驾驶汽车技术的逐渐成熟，相关机构预计，2019年无人驾驶汽车将拥有超过25%的全球市场渗透率。可想而知，也许在不久的将来，行驶在道路上的是比比皆是的安全、高效、节能的无人驾驶汽车，使城市和交通变得更加智能。最后让我们拭目以待无人驾驶汽车时代的到来。

⊙ 5.6.3 无人驾驶的人工智能技术

人工智能的加入，使得无人驾驶的安全性、舒适性、能源的有效节约都有了显著的提高。传统的司机驾驶中，驾驶员需要大量精力专注于驾驶的操作、车辆的车况、路面的突发情况处理，导致驾驶员十分疲惫，身体与精神都十分劳累，并且在突发情况下，驾驶员很难在极短的时间内做出最优的选择，增加了事故的发生概率。将人工智能加入无人驾驶，驾驶员的主要任务将是设置目的地，行驶的过程将是自动行驶的过程，无须驾驶员长期操作，突发状况下，人工智能将依靠大数据和5G技术进行对应的处理，避免交通事故的发生。将人工智能加入无人驾驶，将有效提高驾驶过程中的舒适性与安全性，克服传统驾车过程中的问题。

1. 无人驾驶与人工智能的结合与发展

无人驾驶汽车首先解决的就是对周围环境的实时反馈（见图5-22）。该反馈系统包含微声波传感器、激光传感器及各类摄像头、GPS 等，收集丰富的周边环境，并根据道路交通的实时状况、车辆所在的位置、路上出现的相关障碍物，进行实时判断，对路径规划进行实时更新。目前，各类传感器都已经在汽车上发挥了重要作用，激光传感器主要应用于对周边环境影像的实时识别，构建对应的模型；摄像头主要是进行视频图像的获取，便于进行分析与判断；声呐雷达主要是用于声音和光学信息的收集与识别。光学信息、声学信息各自发挥重要的作用，既能识别路面、行人、交通指示牌，又能进行人车之间的智能交流，进行下一步的操作行为。这一切都离不开人工智能的介入，从识别到按照识别进行动作，以及更新不同地区不同情况下的各种交通指示的具体操作，都需要人工智能的参与。

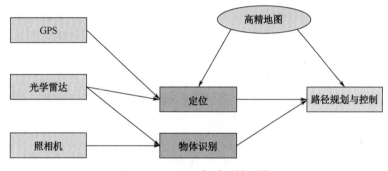

图5-22　无人驾驶反馈系统

无人驾驶汽车行进过程中的一个难题是如何合理地进行避障操作。如图5-23所示为车道车辆检测。目前，应用比较广泛的就是磁导航和视觉导航。视觉导航，主要就是通过汽车上的光学传感器收集对应的信息，测量四周障碍物的具体情况，受制于环境的影响，在恶劣条件下，精度将大幅度降低。磁导航主要通过测量路径上的磁场信号来获取车辆自身相对于目标跟踪路径之间的位置偏差，从而实现车辆的控制及导航。磁导航具有很高的测量精度及良好的重复性，磁导航不易受光线变化等的影响，在运行过程中，磁传感系统具有很高的可靠性和稳健性，但布置磁装置的过程十分复杂，维护费用也很高。而将人工智能技术引入无人驾驶的过程，将收集到的各种光学、声学、磁信号通过传感器送至中央处理器，可以同时优化驾驶路径，进行自动避障，利用人工智能可以有效结合各种导航的优点，保证根据实时信息的变化，达到最优的效果。

图 5-23　车道车辆检测

　　从 20 世纪 70 年代，欧美国家已经开始发展无人驾驶汽车，我国在 20 世纪 90 年代才开始研发出了第一辆无人驾驶汽车。近年来，我国首先研制出无人驾驶公共汽车，复杂环境下的识别技术、行为决策与控制广泛应用了人工智能技术，在技术方面达到了世界领先水平。国外相关技术的发展也是日新月异，谷歌公司在无人驾驶汽车领域研究较深，车载的摄像机、激光测距与各种传感器的应用，以及结合自己公司的地图应用，在实现全路况下的无人驾驶方面优势明显。英国的优尔特拉公司在规定路线行驶方面有优势。法国的塞卡博公司在自动躲避障碍物方面，优势明显，能够实现与交通网络的信息共享，避免交通堵塞。德国在激光传感技术方面也有独特的技术，并且与计算机结合，在数据分析、汇总方面更具有优势。国内人工智能领域的研究重点也在无人驾驶领域，并且在近期发展过程中有望发展成熟并且实现产业化，以百度为代表的新科技企业都抱有积极的想法，并投入大量的精力与财力，如果智能汽车无人驾驶能够发展成熟，将大幅度解决交通问题、环境问题、社会问题。根据 IHS 的相关报告，预测到 2040 年，全球范围内将拥有 2 千万～3 千万辆无人驾驶汽车上路行驶，到时候，我国将会成为全世界最大的市场。

　　2. 无人驾驶未来发展的问题

　　无人驾驶的智能汽车通过内置的各种传感器、软件系统，能够自动感知路况，优化行驶路线，保证安全速度，将自动控制、计算机控制、人工智能相互交融，应用前景十分广阔。但无人驾驶也有问题，包括驾驶体验感与乐趣降低，一部分人心理上不愿意接受，并且无人驾驶在驾驶水平上达不到优秀驾驶员的水准，解决的方法可以适当在社会中引入汽车竞技项目，满足驾驶爱好者的需求。另外，对意外情况的判断需要引入人工智能，要以有利于驾乘人员、有利于人类安全的方式选择驾驶的方式与目的，进行相关的驾驶操作。

5.7 智能系统

　　智能系统（Intelligence System）是指能产生人类智能行为的计算机系统。智能系统集成主要包括人工智能、计算智能方法等智能技术在各个层次的系统中的应用，在具有复杂多层次体系结构的智能系统中有可能实现协同作用效应。智能系统不仅可自组织性与自适应性地在传统的冯·诺依曼结构的计算机上运行，也可自组织性与自适应性地在新一代的非冯·诺依曼结构的计算机上运行。"智能"的含义很广，其本质有待进一步探索，因而，对"智能"一词也难以给出一个完整确切的定义，但一般可做这样的表述：智能是人类大脑的较高级活动的体现，它至少应具备自动地获取和应用知识的能力、思维与推理的能力、问题求解的能力和自动学习的能力。

⊙ 5.7.1　群智系统

　　群智系统具有功能系统的结构，是具有动态自调节机构、可选择性地联结不同的子系统及不同调节层次以达到有益结果的一类系统。其中的每个子系统同时也是功能系统。所有子系统彼此间的连接方式是为了在子系统本身及整个智能系统中实现有益的、具有适应性结果的一种机制，该机制在建立过程中，遵循根据不断获得的关于智能系统最终适应性结果的状态信息进行自调节的原则。

1. 群智系统的特点及优点

　　群智系统的主要特点包括：①灵活性。群体可以适应随时变化的系统或网络环境。②稳健性。没有中心或者统一的控制，即使个体失败，整个群体仍然具有完成任务的能力，不会出现由于某一个或者某几个个体的故障而影响整个问题的求解。③自组织。活动既不受中央控制，也不受局部监管。

　　群智系统的优点主要体现在以下几个方面：①分布性。群体中相互合作的个体是分布式的，这样更能够适应当前网络环境下的工作状态。②简单性。系统中每个个体的能力十分简单，个体的执行时间比较短，并且实现起来也比较简单。③可扩充性，可以仅仅通过个体之间的间接通信进行合作，系统具有很好的可扩充性，因为系统个体的增加而引起的通信开销的增加很小。

2. 群智系统诞生的意义

　　群智系统是由许多无差别的自治智能系统组成的分布式系统，它主要研究如何使有限的智能系统通过交互产生群体智能，这样的智能系统可以在极其复杂的环境中像人一样进行判别。它能在实际问题上紧密结合，提供全方位的智能系统平台来服务于各个领域，从而达到造福社会的目的。同样地，我国应该紧紧抓住发展机遇，加强对群智系统的科学研发力度，尽最大努力让其为社会发展、经济建设和人们的生活做出巨大的贡献。

⊙ 5.7.2　群智系统的应用

基于人工智能系统的综合性，它的发展必然也是多种智能技术的集成。人机智慧融合的智能信息处理系统可以帮助我们在复杂计算问题上做出科学决策，专家系统技术在这方面的应用已经十分娴熟，在各个领域均有显著成果。但是专家系统进一步发展的最大问题就是知识的获取和处理。巨大的知识量，各科知识相互联系，又有区别，就使得对知识的处理十分困难。因此，利用模糊逻辑、神经网络等智能技术和专家系统的集成与融合，就成为一个必然的发展趋势。

1. 电力系统

目前，电力系统自动化发展的方向越来越趋向于从开环监测转为闭环控制，从高压电向低电压扩展，多功能兼一体化、数字化、灵活化、目标最优化的协调发展。其中，人工智能化技术的主要应用是电力设备故障的诊断。目前，电力系统用于故障诊断的技术主要有人工神经网络（ANN）、遗传算法（GA）等。故障诊断的核心问题是信息提取，而信息的不确定性又加大了信息提取的难度。针对这一问题，目前主要有基于专家系统的故障诊断、基于神经网络的故障诊断和基于优化技术的故障诊断等。专家系统可以提供电力紧急处理、系统恢复、系统规划、故障点隔离、静态与动态的安全分析等。对完备准确的信号得到的结果较为理想，但是容错性的局限方面与要求的结果仍然有差距，尤其当信息不完全或者发生畸变时，电力系统的诊断容易发生失误。神经网络具有非线性特征，它的并行处理能力、稳健性与自组织学习能力这两年受到各个领域研究者的追捧。神经网络算法比较适合中小型的电力系统故障。

2. 搜索引擎

当今，信息量的繁杂使我们在搜索知识的时候面对浩如烟海的信息经常会有无从下手的困扰，搜索信息本身并不是我们的目标，只有当我们找到对我们有利用价值的信息时才能说搜索是成功的。智能搜索引擎的发展就是为了解决这一问题而产生的。它具有相当可观的知识处理能力和理解能力，当基于关键词的搜索不能满足搜索要求时，智能搜索引擎的要求就提高到了基于知识（概念）的层次。智能搜索引擎可以跨平台工作，它对多种混合文档的处理能力让我们在不间断的信息更替过程中可以准确地搜索到最新信息。智能搜索引擎具有主动性，它可以主动观察用户的行为，了解用户的关注焦点，从用户的角度上主动获得搜索目标的定位等有关信息，通过完善学习，提高搜索精度。个性化搜索是智能搜索引擎一个重大突破，是提高搜索精确度的重要途径。搜索引擎的对用户搜索信息的有效分类可以使搜索引擎符合每个客户的需求，甚至允许客户定制网络页面，选择感兴趣的内容或者频繁登录的网站，在起始页面中显示。智能搜索引擎的实现要有知识库、信息库。个性化检索及检索学习功能的实现则需要用到信息检索、计算机网络、自然语言处理、分布式人工智能、自动定理证明等多种技术，除此之外，机器学习、数字图书馆等技术原理也必不可少。智能代理技术可以集成客户端特殊的环境，配合用户兴趣完成搜索。减轻用户搜索过程中的工作量。通过机器学习，可以自主、独立地查找用户感兴趣的资源库，这些资源库可分属于不同的区域，提高了检索性能，也可以实时监控信息来源以便于减少检索耗时。网对网技术，也就是神经网络技术的应用，必须为网络建立稳定的数据模型来获得信息。网络挖掘技术是一种从信息源和活动集中发现兴趣点的模式，包括内容、结构、访问信息的挖掘，挖掘技术的应用可以提高查询的准确率和概括率。

3. 视频监控系统

视频监控技术在企业生产、生活等多方面都有广泛的应用。它可以用于实时报警系统和场景检测。实时报警系统又分为用户自定义报警和异常行为自动报警（运动检测报警、移位报警、行为报警等）。对于博物馆、交通道路行为、车站监测等各种场所都有广泛的应用前景。场景检测又分为人员数量检测、交通检测和生产流程检测，在工业化中用途颇广。要实现智能视频监控要采用多个新技术，包括运动目标检测技术、运动跟踪技术（对某个特定对象的行为进行记录）、自动视频检索技术（在事后快速查询）、模式分析技术（分析目标）。

知识回顾

在本章学习人工智能的应用分支的过程中，通过对计算机视觉、自然语言处理等相关应用分支知识的了解与探讨，明白了人工智能技术已经在各个领域都进行了应用，而且人工智能技术在很多方面具有优势，如今人工智能技术已经是人类最重视的技术之一。

任务习题

一、填空题

1. 在机器视觉系统中，计算机会从相机或者硬盘接收栅格状排列的_____。
2. 自然语言处理分为两个流程：_____和_____。

3．1946 年，第一台现代电子计算机_____诞生。

4．_____可以简单地看作数据所对应的现实世界中的事物所代表的概念的含义。

5．最优化问题可分为_____和_____最优化问题。

6．基本的遗传操作包括：_____、_____、_____。

7．2012 年 5 月 17 日，Google 正式提出了_____的概念。

8．1959 年，人工智能的创始人之一_____编了一个能够战胜设计者本人的西洋跳棋程序。

二、思考题

1．人工智能还能被应用在什么地方？

2．什么是人工智能学科的"果蝇"？

3．未来能出现自主型的高级智能机器人吗？你的看法是什么？

4．你认为无人驾驶在今后能取代手动驾驶吗？

5．你觉得群智系统能像科幻电影里一样全方位地为我们做出正确的决策吗？为什么？

第 6 章

哲学与思考

内容梗概

随着时代的发展,人工智能与人类之间产生了新的变化和联系,也产生了新的问题。因此,在新形势下,如何正确理解和处理人类智能与人工智能之间的关系,如何将哲学与人工智能相结合,无论是对于社会的发展和科学的研究,还是人类文明自身的进步,都有着实际的价值和深远的意义。本章从智能的层级、人工智能的奇点论、人和机器的界限、人工智能的伦理危机、人工智能的国际博弈、人工智能的产业赋能几个层面讲述了人工智能哲学与思考给人类科学带来的影响。

学习重点

1. 了解智能层级的分类与具体内容。
2. 了解奇点论带给我们哲学反思。
3. 认识和理解人与机器的界限。
4. 了解人工智能伦理问题与人工智能的关系。
5. 了解人机博弈带给人们的思考。
6. 认识与了解人工智能产业赋能给产业带来的影响。

任务点

6.1 智能的层级
6.2 人工智能奇点论
6.3 人和机器的界限
6.4 人工智能的伦理危机
6.5 人工智能的国际博弈
6.6 人工智能的产业赋能
知识回顾
任务习题

6.1 智能的层级

　　智能的层级分为弱人工智能、强人工智能、超人工智能，让我们清楚地认识到人工智能的等级区分。弱人工智能可以代替人力处理某一领域的工作，目前全球的人工智能水平大部分处于这一阶段。强人工智能是拥有和人类一样的智能水平，可以代替一般人完成生活中的大部分工作。超人工智能是人工智能发展到强人工智能阶段的时候，人工智能就会像人类一样可以通过各种采集器、网络进行学习，并且每天会自动进行多次升级迭代。

　　人工智能（Artificial Intelligence）（见图 6-1），也称为机器智能，是指人工制造出来的系统所表现的智能。所谓的智能，即指可以观察周围环境并据此做出行动以达到目的。

图 6-1　人工智能

　　在人工智能的早期，那些对人类智力来说非常困难且对计算机来说相对简单的问题迅速得到解决，如那些可以通过系列形式化的数学规则来描述的问题。人工智能的真正挑战在于解决那些对人来说很容易执行，但很难形式化描述的任务，如识别人们所说的话或图像中的脸，对于这些问题，人类往往可以凭借直觉轻易地解决，因为人类已经在上万年的进化中形成了这些直觉性的能力，但是机器却很难找到实现的方法。长久以来，人们一直相信人工智能是存在的，但是却不知道如何实现。以前的科幻电影中总会融入人工智能，如《星球大战》《终结者》等电影的渲染使我们总觉得人工智能缺乏真实感，或者总将人工智能和机器人联系一起。在深度学习入门之 PyTorch 之前，我们身边早已实现了一些弱人

工智能，只是因为人工智能听起来很神秘，所以我们往往没有意识到。首先，不要一提到
"人工智能"就想到机器人，机器人只是人工智能的一种容器，如果将人工智能比作大脑，
那么机器人就好似身体，然而这个身体却不是必需的，如现在很火的阿尔法围棋，其背后
充满着软件、算法和数据，它下围棋是一种人格化的体现，然而其本身并没有"机器人"
这个硬件形式。人工智能的概念很宽泛，现在根据人工智能的实力将它分成三大类，如图
6-2 所示。

图 6-2 弱、强、超人工智能关系图

⊙ 6.1.1 弱人工智能

弱人工智能（Artificial Narrow Intelligence，ANI，见图 6-3）是指不能制造出真正能推
理（Reasoning）和解决问题（Problem-solving）的智能机器，这些机器看起来像是智能的，
但是并不真正拥有智能，也不会有自主意识。弱人工智能是擅长于单个方面的人工智能，
如战胜世界围棋冠军的人工智能阿尔法围棋，它只会下围棋，如果让它辨识一下猫和狗，
它就不知道怎么做了。因此，我们现在实现的几乎全是弱人工智能。

图 6-3 弱人工智能

⊙ 6.1.2 强人工智能

强人工智能（Artificial General Intelligence，AGI，见图 6-4）不再是仅局限于去模仿人

类的低等行为，强人工智能观点认为有可能制造出真正能推理（Reasoning）和解决问题（Problem-solving）的智能机器，并且这样的机器将被认为是有知觉的，有自我意识的，可以独立思考问题并制订解决问题的最优方案，有自己的价值观和世界观体系，有和生物一样的各种本能，如生存和安全需求，这种人工智能具有和人类类似的情感，可以与个体进行共情，在某种意义上可以看作一种新的文明。这是类似于人类级别的人工智能，强人工智能是指在各方面都能和人类比肩的人工智能，人类能干的脑力活，它都能干，创造强人工智能比创造弱人工智能难得多，我们现在还做不到。Linda Gottfrcdson 教授把智能定义为 "一种宽泛的心理能力，能够进行思考计划，解决问题、抽象思维、理解复杂理念、快速学习和从经验中学习等操作"。强人工智能在进行这些操作时应该和人类一样得心应手。

图 6-4　强人工智能

⊙ 6.1.3　超人工智能

超人工智能（Artificial Superintelligence，ASI，见图 6-5）意为超级智能，牛津哲学家、知名人工智能思想家 Nick Bostrom 把超级智能定义为"在几乎所有领域都比最聪明的人类大脑还要聪明很多，包括科学创新通识和社交技能，超人工智能可以是各方面都比人类强一点，也可以是各方面都比人类强万亿倍"。我们现在处于一个充满弱人工智能的世界，如垃圾邮件分类系统，是个可以帮助我们筛选垃圾邮件的弱人工智能；Google 翻译是个可以帮助我们翻译的弱人工智能；阿尔法围棋是一个可以战胜世界围棋冠军的弱人工智能，这些弱人工智能算法不断地加强创新，每一个弱人工智能的创新，都在给通往强人工智能和超人工智能的旅途添砖加瓦，正如人工智能科学家 Aaron Saenz 所说的，现在的弱人工智能就像地球早期软泥中的氨基酸，可能突然之间就形成了生命。

图 6-5　超人工智能

　　计算机不等同于"人工智能"，以机器的能力标准而言，算法只是机械步骤，不能以超过自身的能力"自发地"进行发明、创造或自己学习，具体的计算机最大能力最终是由厂家和程序员决定的。

　　智能的层级让我们对人工智能有更加深入的了解和认识。了解弱人工智能的工作原理和方法后，才能为将来制造出强人工智能和超人工智能做好准备，在进入深入学习之前，了解智能的层级是至关重要的。

6.2　人工智能奇点论

　　人工智能奇点论本质上是以一种极端的方式提出了人工智能的社会历史效应。人工智能是人在一定的社会历史条件下的一种创造性产物，具有同资本类似的社会历史效应。人工智能的充分发展必将改变人类存在方式与社会运行逻辑。马克思的历史唯物主义有利于我们真正洞见人工智能的社会历史意义及其可能产生的负面影响，形成正确对待人工智能的理论态度与实践智慧。

⊙ 马克思历史唯物主义视角中的人工智能奇点论

　　从马克思历史唯物主义的视角来看，人工智能是人本质力量的对象化、现实化，是一种创造性产物，因此对于人工智能奇点论简单地肯定与否定都不符合这一事实本身。我们应该转换理解与对待人工智能奇点论的理论思维与价值态度，从人类智能与人生存、生活的历史，从现实出发去探析人工智能的发展趋向及其与人类的真正关系，这样才有利于我们建构合理的行为规则与价值态度，以开发与利用人工智能，并在人工智能的发展中充分体现人类智能的实践性。也就是说，基于马克思历史唯物主义的哲学视角来真实面对人工智能奇点论提出的智能、意识、生命、主体等问题，有利于我们在"加速时代"真正面对人类技术发展的双重效应，既推动技术的发展、充分开掘理智的创造力，又推动人类自我理解的革命性进展，实现理智与心智的全面发展。基于以上考虑，首先，我们从技术存在形态来还原人工智能奇点论所描述的人工智能本质及其敞开的哲学问题；其次，我们将对比人工智能内在的形式与人类意识的存在形态，从而厘清人工智能奇点论如何论证人工智能的自主性逻辑；最后，我们将以马克思历史唯物主义的实践观直面人工智能与人类智能的互动，从而彰显人工智能奇点论所存在的理论困境及其揭示的人工智能的存在论意义。

1．作为自治系统的人工智能

人工智能奇点论宣称，"第一台超智能机器将是人类最后一个发明"。这一观点预示了技术激进化的社会历史后果，认为理性计算的逻辑决策是智能的本质，理性计算的决策能力能够实现人类智能的所有功能。因此，人工智能奇点论相信人工智能可以取代人，机器的智能与人的智能在形式上具有同构性，在逻辑上具有同一性，在行动效果上具有一致性，在价值追求上具有选择性。人工智能奇点论坚持人工智能的算法发展能淡化和形式化系统的局限性，其组织模式的进步能淡化主体性智能思维与意识的社会历史根基，其模拟能力的增强能消解智能生物基础的唯物主义限定。人工智能是和人类智能一样的自治性整体，奇点在逻辑上是必然的，在现实上是可能的。而且，因为人工智能系统是一个不依赖生物代谢过程、具有自主性、物理能力的超越生物体，是独立于社会历史经验的自治系统，所以，一旦奇点来临就意味着具有主体性的人造自治主体的真正诞生。因此，人工智能奇点论从技术逻辑的角度预设了人类社会历史未来发展的人、机双主体共存的情形，以及机器支配和统治人类社会的可能。总之，人工智能建构了一种人类社会必然导向奇点来临的智能观念。

图灵基于行为主义，以模仿智能行为的"游戏"取代了对智能的本质主义定义。他认为，只要通过图灵测试（见图6-6）的系统就可以被认为是具有智力能力的自治系统。因为只要系统通过图灵测试就意味着机器智能与人类智能具有功能上的同一性，机器智能等同于人类智能。回顾人工智能发展史就会发现，"图灵使我们认识到，人类在逻辑推理、信息处理和智能行为领域的主导地位已不复存在，人类已不再是信息圈毋庸置疑的主宰，数字设备越来越多地代替人类执行原本需要人的思想来解决的任务，而这使得人类被迫一再地抛弃一个又一个人类自认为独一无二的地位"。

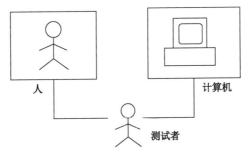

图 6-6　图灵测试示意图

　　我们可以得出如下判断：其一，通过图灵测试的图灵机能够在逻辑上模拟人类思维的过程，实现人类智能的功能，因为机器的逻辑运算能够达到和人类思维一致，至少是基本相同的结果。其二，人工智能的功能模拟能够模糊人类智能与人工智能的界限，使区分人工智能与人类智能存在操作上的困难。其三，人工智能"功能模拟的理性"解构了理性是人类引以为傲的独特本质这种人类中心主义信念。其四，人工智能取代人类智能只是时间问题，而不是逻辑问题和工程问题。其五，人工智能的超物理能力在超越人类物理能力的基础上，必然会产生出超越人类智能的全新存在。

　　上述由图灵测试所表达的智能观念虽然一直被哲学家争论不休，但却一直被人工智能技术界奉为圭臬。塞尔（Searle）基于心灵哲学的立场，提出了著名的"中文屋"反驳，它击中了图灵测试缺乏心灵"意向性"的软肋，并力图解构人工智能逻辑运算模拟人类智能的行为主义范式。在塞尔看来，除非人工智能能够理解逻辑运算结果的意义，否则人工智能就不能算是"思考"，更不能是人类智能。但是，当美国心理学家罗杰斯发明的"狡猾策略"被技术化后，人工智能可以在不理解意义的前提下很好地满足图灵测试的两条原则。而且，"美国人工智能专家库兹韦尔（Ray Kurzweil）用'奇点'（Singularity）这一概念重新表述了图灵测试，他认为在未来 15 年内信息可以上传到人类大脑，30 年内奇点来临——人工智能超越人类智能"。因此，虽然今天由人工智能定义的"智能"尚在争论之中，但是人工智能奇点论却按照图灵的观念乐观地估计：随着制造技术的发展与进步，算法的改进与进化，通用图灵机能逻辑地"感知"具体外部世界，进行决策判断，成为自治的系统。通用图灵机所构想的通用人工智能能够超越功能性的弱人工智能，发展成强人工智能，推动奇点时刻的到来。

　　人工智能奇点论以技术可行性的方式重述了"世界是数"和"人是机器"的哲学判定。该观点认为，人工智能之所以能够超越人类、主宰人类，根本原因在于人脑不过是一台人类目前技术尚不能及的超级计算机，随着人工智能工程技术的发展，人工智能必然达到并超越人类的智能。显然，人工智能奇点论预设了基于理智自治系统必然出现的逻辑前提。在人工智能奇点论看来，基于计算决策的理智系统可以产生自治的规范性目标，可以内生地提出否定性的超越价值。然而，从控制论的角度看，系统的自治在于系统能够对外界的刺激做出正确的反馈。而且，自然进化史告诉我们，具有自我维持的有机生命才能灵活、有效地处理应激性反馈，并形成可以改变的固定模式。有机生命系统才可以自然地产生保存自我的目的性意识，有自由意志的社会生命系统才可能产生超越自我的目的性意识。按照人工智能哲学家玛格丽特·博登的看法，如果我们同意生物体是心智的前提，那么"只有人工智能获得真实的生命体形态，人工智能才能获得智能"，即我们必须追问"强人工智能——赛博生命或人机合体（life in cyberspace）是否可能？"或者说，通用人工智能如果不以生命的自治系统出现，就很难说具有智能的自主性。

由此就产生了反驳人工智能奇点论的两个命题："心智不只是智能""新陈代谢是不可计算实现的"。因此，我们可以说，人工智能奇点论以理智计算设定的数学秩序和机器模拟的功能主义，非反思地描述了机器智能发展的逻辑可能，抽象化了人类智能的社会历史根基，简单化了人工智能与人类智能的关系。正如博登所说："人工智能忽略社会/情感智能而专注于智能理性，没能触及智慧（wisdom）。显然，真正可能与我们的世界充分交流的通用人工智能，是不应该缺乏这些能力的。人类心智（mind）的丰富性需要更好的心理/计算理论方能真正洞见其工作原理，人类水平的通用人工智能看来希望渺茫。"就此而言，虽然我们可以搁置人工智能奇点是否成立的理论争论，但是我们却必须对人工智能作为一个人造的自治系统所提出的意识本质、生命本性、存在方式等问题进行哲学追问。

因此，人工智能奇点论是基于理性自治系统的自治性的逻辑结论，它虽然预见了作为技术的人工智能的可能状态，但却忽视至少是淡化了智能所应有的心智维度，是以理智的算法直观地取代了社会历史性思维和意识。

2. 人工智能的算法与人类智能的思维和意识

人工智能奇点论告诉我们，人工智能以理智的算法所构建的形式化系统，具有规范输入数据与输出数据的能力，这显现出人工智能具有思维的能力；能够借助机械、电子、信息、仿生等形式实现算法的结果，这显现出人工智能具有"意识"的功能。那么，人工智能的算法就是意识和思维的实现吗？意识与思维被算法模拟之后是否能承载和表达其社会历史内涵？如果我们把思维和意识抽象化成既定的形式，答案是肯定的。但是，如果我们从思维和意识的存在根基与功能逻辑来看，答案却又不是肯定的。因此，还原人类智能思维和意识的社会历史前提，既能够洞见人工智能的算法逻辑，又能把握人工智能算法逻辑所表现出来的人类智能的特质。

算法是人工智能的核心（见图 6-7），从早期的形式逻辑算法，到后来的贝叶斯系统、控制论、神经网络，再到当代的深度神经网络、深度学习、因果判断等，都是围绕着算法展开的。人工智能奇点论相信，算法的不断革新能够解决算法的通用性，实现专业人工智能向通用人工智能的转换，扩展人工智能的应用范畴；算法的进化能够实现从"暴力搜索"向"类人判断"转变，使人工智能超越对计算系统与存储系统量的依赖，实现系统的自维持。如果我们深入分析就会发现，人工智能算法的通用性和经济性与两个前提直接相关：

一是设计算法的理念，人工智能算法的发展史就是一部算法设计理念的变化史；二是数据量的多寡与类别，这既是算法的"经验对象"，也是算法"进化"的基础。如果承认人工智能是一个自治系统，那么算法就必须完成系统的"自我描述、自我调整和自我控制"。用类比的说法，算法就如同人的意识，是人工智能自治的原则与规范，这正是基于对算法与意识同一性的看法。人工智能奇点论认为，人工智能算法自治性的能力，使人工智能能够真正超越物的限制而获得类人，乃至超人的理性智能。

图 6-7　人工智能算法

　　然而，问题远不是人工智能奇点论认为的那样简单。因为人工智能的算法根本上是以被动的反馈系统，拓展、优化了人类智能处理既成事实的理论与方法，呈现出了人工智能在重复性工作上的优越性，在对象性工作中的稳定性，在形式化操作中的程序性。算法的改进、优化，乃至"进化"都是以既成数据为基础的。且不说输入人工智能数据本身的局限性，就数据本身的获得而言，获得的数据能否真正体现产生数据的真实环境都存在巨大的困难，更谈不上人工智能能够有意识地主动创造用以反馈的数据。因此，人工智能获取数据的自动性而非主动性，从逻辑上阻断了算法代替人类意识的可能性。算法"进化"数据的既定性，则抽空了算法成为人类意识的存在论前提。

　　因为，人类智能的机理不是被动的应激反馈，而是主动的反思反馈，人的思维与意识是人物质活动、交往活动的产物，而非人物质活动、交往活动的潜在规定。现实生活的人创造了一定的物质条件（包括人工智能）和交往条件，从而建构了思维和意识的存在论前提。正如马克思所说："意识在任何时候都只能是被意识到了的存在，而人们的存在就是他们的实际生活过程。"意识表征了人生活的现实过程，既包含对对象世界的客观性把握（这是人工智能数据的直接对象），也包含对主体世界的价值认识与理想设定。人的意识不是对世界的客观还原，而是在思想中对现实的具体抽象。人的意识是以人的概念抽象化了客观世界、具体化了主体世界，最终统一了主体与客体世界。对人而言，"不是意识决定生活，而是生活决定意识"。更为重要的是，思维与意识的发展并不是搜索、组合、推演的结果，而是人生存与生活历史的表征，"那些发展着自己的物质生产和物质交往的人，在改变自己的这个现实的同时也改变着自己的思维和思维的产物"。人的思维和意识与生产和生活具有同步性，而非一前一后。

思维和意识并不构成人区别他者的根据，产生思维和意识的生产与生活才是把人与其他存在真正区别开来的标准。人的生产与生活是有意识的生产和生活。人以意识和思维把握住"现成的和需要再生产的生活资料本身的特性"，然后将之具体化为活动方式和生活方式。人类社会的生产和人的生活，在强化思维与意识根植于有机体的同时，更突出了人的活动在思维与意识产生中的决定性作用。恩格斯曾明确主张，意识和思维"都是人脑的产物，而人本身是自然界的产物，是在自己所处的环境中并且和这个环境一起发展起来的"，人所处的环境是人参与创造与构建的环境，"人创造环境，同样，环境也创造人"。具体而言，环境以影响有机体变量的方式构成了思维和意识的基础性内容——这构成了当代人工智能以数据来还原环境变量的形而上学根据；有机体反过来也影响环境变量的产生，"独立生存的有机体及其环境融合在了一起，形成了一个绝对的系统"。人的生产与生活模糊了自然与人的界限，既造就了复杂的思维和意识的器官，又造就了思维和意识的复杂结构和主体性特质。在此意义上说，思维和意识作为自然界进化的奇迹并不简单地源于自然的庞杂与广袤，同时更在于人作为意识的存在物以融合自然因果律与主体价值律的方式参与、影响这一奇迹。人的思维和意识是以物为根基的历史与文化的互构。自人类有思维和意识以来，自然就借用人的主体活动表达其"主体"性的特质，人也以自然的方式表达了人首先是自然存在物这一唯物主义规定。

由此看来，人工智能奇点论将人工智能作为人类进化与思维的继承者，意味着人工智能的算法可以通过实现人类思维和意识的方式内化人类社会与现实历史，形上化人类的形下活动，价值化人类的创造性产物。正如有的学者主张的那样，算法本质上是机械思维而非有机思维，所以生物基础的缺失注定人工智能不可能达到奇点。而有的学者则认为，如果我们破除"传统的人类中心主义立场"，改进算法，人工智能奇点在逻辑上又具有可能性。智能生物基础和算法演进的讨论，显然击中了人工智能奇点论的立论根据，然而却很难击穿人工智能奇点论的逻辑护甲。从实现机制上看，算法能否实现思维和意识的社会历史内涵，既存在着技术理念的困难，更存在着工程实现手段的难题；从理论思维上看，算法的机械性特质与模拟性特征与思维和意识的社会历史区分之间的对立，既难以解决算法与思维和意识的统一性问题，更难以处理算法的理性决策与思维和意识的价值选择之间差异性问题；从社会实践上看，以机器的物理物质交换为基础的自主性运算需要很好地处理表征既成事实的数据，但是算法本身却很难反映人类思维和意识所实现的主体与客体之间的否定性统一。因此，与其说逻辑地担忧人工智能奇点来临时的困境与问题，莫不如真诚地面对人工智能的"自主性"与人类智能的"实践性"。唯有如此，我们才有可能在所谓人工智能奇点来临时，从容地面对人造之物带来的社会历史变化与存在方式的改变。

3. 人工智能的"自主性"与人类智能的"实践性"

人工智能奇点论肯定了基于算法的自治系统能够获得自主性。我们知道，"自主"意味着自我管理与自我立法，所以，人工智能的自主性意味着人工智能具有自我保存、更迭和进化的理性化需求和行为能力，同时也意味着人工智能软件（算法）与硬件的合体能够产生"自我意识"。按照人工智能奇点论的逻辑，人工智能能够真正成为一个自主的行动体。这里的关键问题不是人工智能是否能够真正产生和人一样的主体性问题，而是人工智能的自主性能否等同于人的实践性，至少等同于人类智能的实践性。

人工智能的自主性是直观肯定的自主性。克里斯坦·李斯特和菲利浦·佩迪特以设计BDI（belief-desire-intention）模型（见图 6-8）并以考查行动相关的方式给出人工智能自主性简化模型的论证。他们相信，如果能够表征事态并以明确的驱动去把握事态的动态逻辑，而且能够基于事态而改变环境的话，那么这个系统就是自主的。这一描述性的自主性理论很好地解释了基于复杂神经网络、深度学习等"自主性"的人工智能系统，这意味着人工智能系统可以在数据的支持下独立地进行归纳、推理和决策。简化版的人工智能自主性论证，以技术逻辑的方式拓展了延展认知理论的合理性和有效性。对此，有的学者提出一些反对性的论证，如认为简化版的人工智能自主性只注重了理智的自主性而忽视了心智的自主性。

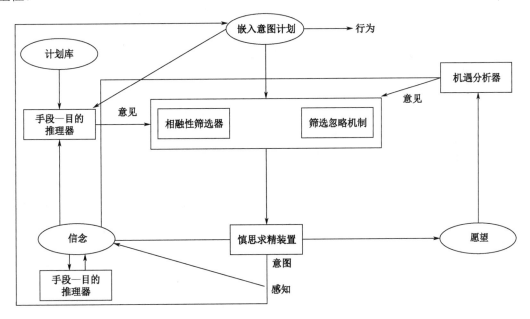

图 6-8　BDI 模型

如果我们深入地思考人工智能自主性就会发现，深度学习、复杂神经网络等表现出来的自主性存在着如下问题：其一，无论人工智能是否具备感知能力，都无法否认其对于事态的描述是以数据的方式进行的。数据化的事态本质上是一个无反思的肯定的事态，通过数据挖掘呈现出来的规律是肯定性的描述规律。其二，人工智能系统的目的是外在输入的，尽管我们可以承认人工智能系统可以在分析数据的基础上对目的进行修正，但是我们却不能说人工智能系统可以形成内在的目标。人工智能系统无法回答这样的问题："我们所说的目标，究竟是谁的目标？"其三，人工智能实现自主学习既无技术的困难，也无逻辑上的困难，但是人工智能的自主无价值驱动是否意味着其可以成为被控制的僵尸？

人工智能的自主性体现了设计者的意图，甚至能"主动"地为人提供判断和服务，但却隔离了与对象世界的否定与肯定的交互，它只是还原物理世界的自主性。无可否认的事实是，人工智能世界是由人的数字化行为构成的虚拟世界。海量的数据是其自主性的根基，先进的算法是其自主性的表现，精准的理性决策是其自主性的优势。但是，人工智能自主"能干"的事实却无法否定其行动逻辑只是凭借单一肯定性因果律的事实。人工智能这样的自主性不过是因果律不断地被认识的二元对立的自主性，是被外在于人工智能的尺度规定与审视的自主性。人工智能自主性所拓展的世界，也不过是被因果律规定好的"物的世界"。

人工智能奇点论相信"计算机的演化能让自我意识自发涌现"，能跨越"自由意识论"与"推理回应论"鸿沟而具有自主性。但是，机械、电子和逻辑复杂性是否必然产生具有自我意识的自主性却是无法简单回答的问题。因为，具有主体性的人类智能依赖于复杂神经系统的事实，并不能证明复杂性系统必然会产生自我意识，并具有自主性。本质上讲，人工智能的系统复杂性恰恰是物质世界量的无限性，今天基于大数据来训练人工智能时所产生的工程和逻辑复杂性就是其最好的例证。因此，人工智能系统"涌现"出来的"自我意识"，或者可能是物质世界巨大的量引起的负荷过载的硬件错误，或者可能是算法无法触及海量数据而随机给出的结果，或者可能是前两者兼备所呈现出来的一种所谓自由的状态。然而，随机性显然不等于自由意志，而且由上述偶然性所表现出来的"自主性"未必能够成为智能的模式固定下来，产生持续的效果。

人工智能奇点论主张的自主性本质上是实现人类预设目的时表现出来的自动性。人工智能强大的计算能力、稳定的机械过程、清晰的决策逻辑、高效的行动效应，使人工智能延伸了人的创造本质，以人类对象化成果的方式表现了人类智能的创造性本质与实践性本性。因此，这是人类智能的实践性与创造性的现实证明，而非人工智能自主性的客体体现。人作为实践的存在，既是以智能的方式实践，又是以实践的方式发展和提升着自身的智能。人的目的性实践既需要理智的智能对客观世界的规律进行科学的把握，又需要心智的智能对活动目的进行价值的设定。实践在展开世界复杂的同时锤炼了人类的智能，以便智能能更准确、更全面地把握世界的规律；以心智的方式否定客观的对象世界，实现心智观念的对象化与具体化。实践统一理智与心智，赋予人类智能具有否定—肯定的实践本性。理智与心智统一的实践活动，既以人造的概念和逻辑还原世界的物质特性，又以人类的智能驱动物质的力量改造客观世界，还以物质的方式具体化基于心智的价值与观念。人类智能的实践本性，使人在自己的头脑中保存着两种相反的思想和有效的应对能力，从而展现出非凡的创造能力。

实践性的人类智慧是融贯物的物性与人（主体）性的智慧，是否定性地统一理性与感性、事实与价值的智慧。按照马克思的观点，"人的思维是否具有客观的真理性，这不是一个理论问题，而是一个实践问题。人应该在实践中证明自己思维的真理性，即自己思维的现实性和力量"。从这里可以看出：其一，马克思历史唯物主义特别强调理智智能的客观性，即还原世界原象的能力，但是他又明确反对回到 18 世纪的机械唯物主义素朴实在论的直观反映论与经院哲学之间的无谓争论之中。其二，马克思的历史唯物主义明确地阐明了表征人类智能的思维是一种具有现实力量的主体性力量，而且这种力量是以客观地还原与理智地把握物的规律为前提的。其三，人类思维是必须指向人现实的此岸世界，也就是指向现实生活实践本身的。人类智能既不是直观肯定对象世界的形式还原，又不是将外在目的输入之后严格、高效和清晰地执行目的。人类智能是人在世界革命化的过程中，体现出来的合目的性与合规律性统一的主体性能力。这种主体性能力在实践中以"小数据大任务"的方式改变着环境与自身，使"大数据小任务"的人工智能成为可能。

人工智能奇点论主张人工智能必然获得主体性，这并非逻辑地证明了机器真正获得价值的自主性，而是现实地证明了人类智能的实践性。人工智能物的特性充分展开的物性思维因其没有社会历史的存在论基础，只是以对比性的方式凸显了人作为实践主体的创造性本质。

人工智能奇点论的提出，意味着人工智能正在改变人的存在方式、思维逻辑和价值观念。对人工智能奇点的必然来临的逻辑肯认，预示着当代及未来人类创造力发展的新阶段；对人工智能奇点负面效应的哲学反思，表现出人类面对人工智能时的从容与谨慎。问题不在于人工智能是否会真正成为一个物种，而在于人工智能如若同人类智能一样，其可能引发的尊严风险、伦理风险、生存风险、决策风险等负面效应到底是来源于作为人工智能的机器，还是来源于创造人工智能的人类。从人类历史的逻辑来看，人工智能获得强大的能力是必然的，但由于其作为人造物而没有生存与生活的存在论根基，很难说人工智能会必然超越人类成为人类的主宰者。可能的状态也许是，人工智能以其超常的行动能力延伸了人类的能力，拓展了人类活动的空间、改造了人类的生物结构，但却遗留了被操纵的可能性。因此，人工智能正在以改变社会存在、社会组织和社会生活的方式重塑一种全新的物我关系。

6.3　人与机器的界限

人工智能是否正在挑战人类智能地位？机器有一天能取代人类吗？这样的担忧不无道理，但我们也应该清楚地意识到人工智能与人类智能之间存在着明显差异，如何去认识和理解二者间的界限极大地影响了我们如何去处理二者之间的关系。

⊚ 6.3.1　人与机器人的界限概述

在人工智能迅猛发展的今天，我们应如何看待人工智能——是助手，还是威胁？今天，人工智能已经对社会产生了深刻且广泛的影响；反之，学者、大众与媒体的观点与态度对人工智能的发展也将发挥重要作用。世界各国的诸多研究机构和学者纷纷就这一热点问题进行了富有针对性和建设性的分析。梳理并理解这些研究报告，有助于以更稳健、更积极的姿态，迎接人工智能带来的新一轮技术变革。

1．人类与机器人的界限

2016 年，美国斯坦福大学在其发布的《2030 年的人工智能与人类生活》研究报告中指出，在交通运输、家务劳动、医疗保健、娱乐产业、雇佣工作环境、公共安全、低能耗社区和教育这八大社会领域，人工智能已经开始逐步改变日常生活。2016 年，谷歌旗下的DeepMind 公司设计的人工智能程序阿尔法围棋在围棋领域挑战顶级职业选手获胜，并被披露该公司计划使用人工智能算法在五年内学习处理英国国家医疗服务体系的数据。2017 年，机器人索菲亚被授予沙特公民身份，成为世界上首个获得公民身份的机器人，成为人工智能领域中的里程碑事件，清晰地预示人工智能时代的来临，在证明技术进步的发展潮流不可阻挡的同时，也对现代社会发展和公民生活造成了广泛影响。

在诸多影响中，最为直接的影响便是人工智能的应用将导致新的失业和再就业大潮。尽管这种情况尚未全面发生，但人们对此的焦虑情绪已经产生。根据盖洛普 2013—2016 年度工作和教育调查，当前美国有 34%的 20 世纪 80 年代后出生的有因技术资源缺乏可能失去工作的焦虑，这一人数比例较 27%的"二战"结束后美国婴儿潮时期出生的工作者上涨了 7%；而根据估算，37%的美国"80 后"属于被人工智能取代工作机会的高风险人群，比"二战"后婴儿潮一代的 32%提高了 5%。

除去对工作岗位和未来就业前景的冲击，人工智能通过改变交流技术和媒介，通过社交网络、新型数据交互方式，在很大程度上改变了现代社会的人际交流方式。在北极星和ASM 联合撰写的调查报告中，有接近甚至超过半数的受访民众表示，尽管每天都在使用社交网络媒体和手机应用，但并未意识到这些科技产品中人工智能在暗中发挥作用。人工智能在潜移默化地改变人们的社交习惯和沟通方式，已经成为新媒体时代不可逆转的潮流。不仅如此，人工智能在诸多领域取得比肩人类的成就，对人类文明的自我反思也起到了推动作用。

在人工智能时代，回答机器人伦理、法律问题，思考人类和机器人的界限问题（见图 6-9），已经是一项急迫的文明使命。2017 年 12 月，电气与电子工程师协会发布新版人工智能与伦理白皮书，意味着人工智能技术、法律、伦理领域的深度研究和合作，将成为未来一段时期人类文明思考的重要方向。

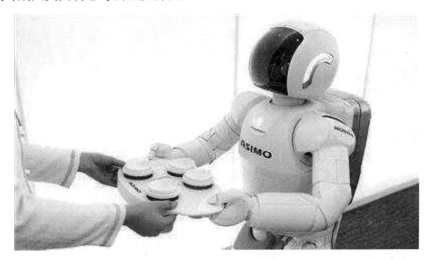

图 6-9　人与机器人的界限

2. 大众和专家对人工智能的态度

尽管社会大众对人工智能技术的关注持续升温，但现有针对大众对人工智能技术发展意见的调查，仍然处于起步阶段。在 2017 年，对人工智能产业的调查报告，仍然主要聚焦于人工智能行业的产业规模、资源配置等，缺乏对大众参与和理解的足够关注，这是当前人工智能产业发展的基本现状。

值得注意的是，媒体作为塑造并指导大众意见的重要社会资源，尚未寻找到有效整合大众对人工智能的理解，同专家意见和产业发展一同协调合作的道路。尽管如此，来自社会各界的专家，通过主流社交媒体迅速形成了人工智能意见领袖群体，并对人工智能发展的舆论导向产生了巨大影响。其中以谷歌公司技术总监科兹威尔、脸书公司总裁扎克伯格为代表的技术乐观派认为，过度强调人工智能技术的风险所引发的对失业率上升的担忧，都是不必要的；人工智能最终会促进人类进步，而非取代人类。与之相反，比尔·盖茨和史蒂芬·霍金则认为人们对人工智能对人类生存带来的威胁缺乏了解，从长期发展角度来看，是极大的安全隐患。这一强调人工智能发展风险的专家、产业领袖群体，俨然在公共媒体中，成为技术乐观派的对立派别。当前，媒体对大众意见的整合和引导，主要通过呈现技术乐观和谨慎忧虑派的意见纷争，激发大众讨论的方式完成。

事实上，仅依靠意见领袖吸引新闻流量，激发大众关注，远不足以打造一个健康、稳定的社会意见体系来支撑人工智能产业的良性发展。当前，大众意见同专家学者意见欠缺有效整合，主要表现在以下两个方面。

首先，大众意见对人工智能的影响力估计，同专家意见存在明显落差。在学者专家看来，人工智能全面取代诸多就业岗位这一趋势已经势不可挡。例如，创新工场董事长兼CEO李开复曾预测，从事翻译、新闻报道、助理、保安、销售、客服、交易、会计、司机等工作的人，未来10年将有约90%被人工智能全部或部分取代的可能。但在北极星和ASM联合撰写的调查报告中，普通民众出于对安全和效率的双重考虑，有超过半数的人认为，在重型制造、物流、公共交通、医疗、军事、消防、农业和烹饪领域，人工智能无法胜任人类工作。学者专家和业界领袖对人工智能的变革影响力非常乐观，而大众对此则相对保守，甚至过于谨慎。人工智能发展风险的专家、产业领袖群体，俨然在公共媒体中，成为技术乐观派的对立派别。

其次，对人工智能的立场态度，在大众和专家群体之间存在显著差异。专家学者对于人工智能的未来前景，分为立场明确的乐观支持和谨慎质疑两大阵营。而据现有调查显示，很难用明确支持和忧虑风险对大众意见进行有效归类，在北极星和ASM联合撰写的调查报告中，对人工智能未来持担忧、缺乏信心、迷惑、激动、兴奋和乐观的人数，分别占受访者比例的27%、25%、9%、20%、30%、33%。现在对于业界和学界意见领袖的立场鲜明，大众对待人工智能未来的态度更加温和保守，更多地持观望态度。

3. 学者、大众与媒体需要良性互动

如何将学者研究、专家意见、公众参与有效整合，形成合力，铺就人工智能产业的未来发展道路，是当前人工智能乃至全社会亟须反思应对的重要问题。根据现有调查报告和产业发展现状，以下两个思路有借鉴价值。

（1）需要建立针对大众对人工智能发展的历时性跟踪调查，深入了解大众对人工智能态度的转变机制。北极星和ASM联合撰写的调查报告指出，尽管当前只有55%的受访民众愿意信任无人驾驶汽车，但考虑科技发展，预计在未来十年内愿意信任无人驾驶汽车的人数比例可能提升到70%；随着人工智能技术的发展，大众对相关产业的理解和态度，也必将产生变化。通过历时性民意调查观测民众对颠覆性技术的态度转变，有助于相关产业发展的自身调整和应对策略，也有助于媒体平台更好地完成社会智力资源整合工作。

（2）要搭建科学家群体同大众互动的媒体平台，促进科研人员群体同社会大众的充分交流。打造专家、大众、媒体之间分享、参与和关怀的完整互动链条，一方面，让大众更加直观地获得人工智能领域的发展趋势和最新成果，引导大众参与技术变革，培养大众主

动应对技术变革的思考习惯和积极态度；另一方面，通过大众的参与和意见表达，对产业领袖和专家的意见形成有效监督约束，督促人工智能产业以更具责任感、对人类文明负责的态度，讨论技术进步和产业发展问题。这一专家、大众、媒体的良性互动链条，也将成为人工智能产业发展的快速通道。

⊙ 6.3.2　机器不是"人"

在科技大幅跃进的现在，人类和机器的界限会变得越来越模糊，当机器越来越高度智慧的同时，它从外观上，甚至内在上，会越来越接近人类。但是机器就是机器，笔者觉得有另外一类的模糊会发生在人类和机器之间，所以会有一种新的物种会诞生，那个才叫真正的机器人，就是机器和人的结合。

1. 机器不等同"人"

人本身是作为一个"类"而存在的。马克思在批判费尔巴哈的哲学思想时指出："费尔巴哈把宗教的本质归结于人的本质。但是，人的本质不是单个人所固有的抽象物。在其现实性上，它是一切社会关系的总和。"因此，人在社会生活中才真正获得了人之所以为人的本质意义，从而形成一个独特的"类"。马克思在《1884 年哲学经济学手稿》中还指出："人是类存在物，不仅因为人在实践上和理论上都把类——他自身的类及其他物的类，当作自己的对象；而且因为这只是同一种事物的另一种说法——人把自身当作现有的、有生命的类来对待，因为人把自身当作普遍的因而也是自由的存在物来对待。"因此，任何个体的人首先是作为"类"中的个体。人之所以为人是因为具备了人的"类特征"。从作为类的人来看，马克思从意识方面做出了人与其他物的区分。马克思认为："动物和自己的生命活动是直接同一的。动物不把自己同自己的生命活动区别开来。它就是自己的生命活动。人则使自己的生命活动本身变成自己意志的和自己意识的对象。他具有有意识的生命活动。这不是人与之直接融为一体的那种规定性。有意识的生命活动把人同动物的生命活动直接区别开来。正是由于这一点，人才是类存在物。或者说，正因为人是类存在物，他才是有意识的存在物，就是说，他自己的生活对他来说是对象。仅仅由于这一点，他的活动才是自由的活动。"从人的情感方面来讲，马克思指出："如果一个人只同自己打交道，他追求幸福的欲望只有在非常罕见的情况下才能得到满足，而且不会对己对人都有利。他的这种欲望要求同外部世界打交道，要求有得到满足的手段：食物、异性、书籍、娱乐、辩论、活动、消费和加工的对象。"

从纯粹单个的个体来看，人在智能方面则表现出了许多本质性特征。福多通过人与机器的类比指出："与计算机的类比看起来会有如下表现：机器越特异化，它的物理结构越可能反映它的计算结构；而一般意义的计算机，形式 / 功能对应并不明显，而瞬时的计算结构是由运行的程序决定的。这种连续体的极端情况是像图灵机那样完全一般化的系统，实际上不存在固定结构。如果像哲学家曾在一段时间思考过的那样，大脑的优化模型就是现实化的图灵机，那么当然就不会希望存在像神经心理学那样严肃的科学。"另外，就具体的语言处理来看，计算机中的"句子识别中的计算问题似乎不是'距离原型有多远'，而是'如何应用语言理论来分析手头上的刺激？'"因此，从个体的人来看，人对句义的理解与机器对句义的理解有差异性。另外，许多哲学家也认为，"意向性被看作区分个体的人和机器的根本特征之一：机器和人可以做同样的事情，但是人有意向性，而机器没有。"因此，意向性及与此相关的创造性被看作主动行为与被动行为的分界线。塞尔就指出："机器人根本没有意向状态，它只是受电路和程序支配简单地来回运动而已。"

2. 人与机器表现出的智能差异

20 世纪 80 年代，德雷福斯从四个方面论证了人与机器表现出的智能差异。他提出了以下几个观点。

图 6-10　人与机器的智能差异

1）从生物学、神经科学角度来看

大脑的工作情况并非与当今的人工智能机器一样。例如，人的大脑神经元的发放与聚合在基础水平上与计算机的电流通断并不具有某种规律的一致性。数字计算机是离散的、非相互作用的信息加工方式，它最终将归为通（即 1）、断（即 0）两种电流脉冲方式的加工系统。而至今为止的神经科学却表明，人的大脑神经元之间有着强烈的相互作用，这种相互作用还有着时空上的一致连续性。产生意识的神经元活动不是一个数字系统，而是一个数字与模拟结合的系统。因此，我们没有理由相信大脑的"加工"确实与计算机的"信息加工"具有一致的规律。德雷福斯引用诺尔曼、来温特和罗森布利斯的观点后指出："事实上，大脑组织的这种'强烈相互作用'的性质和机器组织的非相互作用性之间的差别，意味着只要生物学上的这些论证是中肯的，那么它就否认了用数字计算机产生智能的可能性。"

2）从心理学来看

心理学上所确定的心灵的计算机模型已经受到严重的质疑。德雷福斯认为，一个具有相当智能的人的自由行为，被理解为一套确定的复杂而有限的法则的产物。这是一个令人无法接受的不科学的结论。人的每一项智能并不是都能被形式化成某些固定规则的。我的"顿悟"确实源自我时刻在思考着某个问题，但是，这种"顿悟"并不依据于某种特定的规则。如果依据于某种规则，我们的解释就会陷入无限的循环中。因为，规则之中还有适用的规则。人有某种规则的自明，而计算机却没有这种规则的自明。正如哥德尔早期的形式化证明就表明了这一点。不能确定规则，形式化的理想就会最终无法实现。因此，以形式化来解答人的认知原理、人的智能认知现象就出现了不可避免的难题。因此，把人的智能活动过程理解为一个智能机器的活动过程并不是科学的结论。

3）从认识论上来看

人工智能的形式化理论无法解释所有的智能现象。德雷福斯引用维特根斯坦的观点指出：一般说来，人们在使用语言时，既不是通过严格的规则实现了语言的运用，也不是通过严格的规则来学习语言。既然无严格的规则可言，当然也就谈不上对学习语言的智能活动过程形式化了。而恰恰相反，人类对语言的使用往往在语言的灵活应用中找到了语言的美感。由此可以看出，在规则程序的指挥下，工作的智能机器人因为只能按照预定的程序运行，是"超级愚笨的"。德雷福斯说，"机器缺乏实际智能。它们'在现实经验方面'是愚笨的，这表现在它们不能应付特殊的局势，所以在应付变异情况的规则得到完全的规定从而使二义性消除之前，机器是不能容忍二义性和违反规则的。"

4）在本体论上来看

德雷福斯认为，我们的整个世界并不能被最终化解为无数离散的原子事实，并不能分解为类似于电流的通与断的两种基本情况。柏拉图、莱布尼兹、罗素等哲学家承认世界可以分为最终的"经验的原子"，或者其他"原子事实"。海德格尔把它称为"计算思维"，认为这种"事物可彻底计算性"排斥了人性"自由度"的存在。现实表明，人栖身的人类世界是人的目的和目标所组织起来的各种工具相互作用的聚合模型，这种聚合模型有着对歧义的容忍性和对自然的特殊灵活性。德雷福斯指出："如果要计算机感知、说话及具有一般智能行为，它所运算的数据必须是离散的、明晰的和确定的，否则这些数据就不会成为可赋给计算机并用规则加工的信息。然而，没有理由认为，已有的这种有关人类世界这样的数据可供计算机使用；相反，却有不少理由暗示，不存在这种数据。"实际上，在当今除了极少数哲学家和人工智能科学家还将人与机器画上等号之外，已经很少有人承认人与机器间的完全等价性了，即在人与机器的世界中，二者不是一种等价的关系。

3．人与机器的关系

智能机器只是人们为了提高劳动效率而开发的一种工具。从这个意义上看，机器不仅不具备与人一样的智能，不可与人同日而语，而且智能机器是人的智能的对象化。正如马克思所言，在资本主义生产中，"像其他一切发展劳动生产力的方法一样，机器是要使商品便宜，是要缩短工人为自己花费的工作日部分的，以便延长它无偿地给予资本家工作日部分。机器是生产剩余价值的手段，机器不创造价值，但它把自身的价值转移到它所生产的产品上，正像机器虽然异常复杂，从力学上看这只不过是简单机械力的不断重复一样。"因此，机器只不过是现代科学技术进步的表现而已。机器只是人的本质力量对象化。机器正像拖犁的牛一样，只是一种生产力。运用智能机器是人类在现代社会的极大进步，但是利用机器和机器本身是两回事。正如火药无论是用来伤害人，还是医治创伤，它终究只是火药。智能机器也一样，无论它是否真的就如人一样思维或工作，甚至机器的发展使我们都无法区分何为机器何为人，但是机器并不因此而改变它固有的身份。

对"人是机器"这一命题在意义上的否定，这并不意味着"人是机器"这一命题已经失去了它在哲学范围内的存在意义。甚至一种居中的哲学结论呼之欲出，即"人似机器"而不是"人是机器"。福多就指出："探讨心理问题的哲学家所思考的计算机常常是图灵机，这是可以理解的。如果心理与计算机之间存在着有趣的类比，那么这种类比应该可以表达为心理与图灵机之间的类比，因为在某种意义上，图灵机比任何类型的计算机更具有普遍性。更准确地说：如果正像我们许多人现在所假设的那样，心理本质上是符号操纵装置，那么在图灵机模型上来思考心理是有益的，因为图灵机（在某种意义上）像符号操纵装置一样具有普遍性。"值得注意的是，这种普遍性的论证仅仅是在某些狭义的理解上成立。换句话说，人的智能不是简单计算的机制组成的神秘装置，而是拥有更为显著的、根本性的智能现象。例如，意识。比较心理学家都认为存在着这样的可能性：即人类本性中最珍贵的部分，都可以在动物身上找到简单的形式。我们知道，黑猩猩除了具备某种语言能力以外，还能看出镜子里所出现的那个红点是在鼻子上的，而猴子就不能做到这一点。而且，人们越来越相信，在高等哺乳动物中，如果说还没有自我意识的话，至少能发现早期意识的存在。然而除了最狂热的动物爱好者，几乎所有人都认为，具有智能的认知形式仍然只是人类才拥有的。在这之中，意识就显得尤为重要。

人和机器的界限是一项稳迫的文明使命，意味着人和机器的界限深度研究和合作，将成为未来一段时期人类文明思考的重要方向。因此，了解人和机器的界限的特点与局限，梳理并理解这一热点问题，有助于以更稳健、更积极的姿态，迎接人工智能带来的新一轮技术变革。

6.4　人工智能的伦理危机

人工智能伦理规范的制定是人工智能研究领域的重大议题，大多数人都遵循一种"理想规则主义"的设计思路。然而，这种思路在理论上无法成立，在实践中会带来更大风险，其深层预设是看待人工智能的工具主义态度。实际上，基于因果推理模型的人工智能具有真正意义上的自主性，有充分的理由被赋予道德主体的资格。因此，只有设置一种关系性规则才能更好地处理人工智能的伦理问题，这要求它们能够为自己的行为负责，而重要条件就是人工智能主体拥有一定程度的产权。

◉ 6.4.1　机器人道德伦理

随着信息技术的不断智能化发展，机器人的发展取得了一系列的重大突破，从执行简单指令到以深度学习为核心，机器人成为时代进一步发展的强大动力。随着其使用范围不停地扩大和深入，机器人也日益与人类关系密切。出于对人身安全的考虑，人类也开始反思和重视机器人的道德伦理问题。本小节通过对机器人道德伦理的发展及其未来进行分析阐述，以期让读者对机器人道德伦理有更加深刻、更加全面的认识。

1. 机器人道德伦理的早期设想

机器人"Robot"是由捷克语"Robota"改编而来的，"Robota"是指"强制性劳动"或"奴隶"，即只会从事繁重作业而不会感到劳累的机器，由此"Robot"才正式作为专业术语被人们加以引用。

机器人的早期出现是为了减少战场上不必要的人员伤亡的，而战争后，工业革命的接连发生，致使机器人成为工厂进行作业的主力（劳动机器人见图 6-11），近年来，信息技术不断地智能化使得机器人在更多的领域之中使用。在机器人快速发展的同时，人类也对机器人产生了担忧——机器人是否会威胁到人类的生存。

1942 年阿西莫夫在《环舞》中首次提出"机器人三大定律"，试图以此来规范和约束机器人的行为：①机器人不能对人类的生命安全造成伤害，或者间接让任何人受到伤害；②机器人必须服从人类的命令，除非该命令伤害到人类；③机器人必须对自己的生存负责，条件是不与前两条法则矛盾。

阿西莫夫在这之后又补充了第四条定律："机器人必须确保人类的整体利益不受到伤害，这一条件优先于其他三条定律。"

图 6-11　劳动机器人

　　阿西莫夫的机器人三大法则是简单的关系原则，它的运行依靠高度理性的力量，认为守法即正义，违法即邪恶。他率先定义了机器人道德伦理，严格来说是对机器人的道德伦理要求，把机器人设想成在康德意义上的道德生物。不违背三大定律的机器人，都有高度的自我约束意识和道德自律能力。

　　阿西莫夫提到的"机器人三大定律"直到现在仍被使用。而 1979 年发生的工人试图从仓库取回一些零件而被机器人杀死和 1981 年发生的一个日本维修工人在进行机器维修时而被机器人杀死的事件，致使更多科学家开始研究如何避免机器误伤人事件的发生，并在研究中开始进一步思考是否应该对机器人进行道德伦理构建。

2. 机器人道德伦理的三种理论进路

　　随着科技和机器人技术的发展，机器人系统也日趋复杂，而这种复杂性要求机器人系统自身可以做出道德决策，即通过"伦理子程序"来程序化，而科学家将这称为人工道德智能体（AMAs）。但是，针对机器是否应该具有道德，即人工道德智能体的建设有无必要性这一点，科学界仍在进行探讨，同时也探讨在理论上如何有可能地构建人工道德智能体。耶鲁大学教授温尔德·瓦拉赫和著名认知哲学家科林·艾伦一同创作的《道德机器：如何让机器人明辨是非》一书，从理论上探讨机器人伦理设计最具影响力的成果，他们把人工道德智能体的设计进路分为自上而下、自下而上和混合进路三种。

　　一般而言，自上而下式进路是指在构建人工道德智能体时，应该选取一个伦理理论，如道义论或功利主义，在计算机程序中分析实现这一理论在信息和程序上的必要条件，接着把分析应用到设计子系统和它们相互之间联系的方式上，因此在最初，科学家对于机器人道德伦理的研究通常集中于自上而下的规范、标准和对道德判断的理论进路上。自上而下式进路不仅凸显了伦理价值的重要性，也帮助道德智能体辨明模糊的道德直觉。但是自上而下式进路也有缺陷，一是很难辨别究竟是什么样的更为具体的规则或准则才能得到人类的一致认可，二是人类也不可能计算出所有的可能。因此，为人工道德智能体打造一套明确的自上而下的规则是行不通的。

自下而上式进路是基于进化与发展的观点提出的，其重点是将行为体置于一个特定的环境中，而行为体在这其中可以像人一样进行学习，并进一步发现或构建伦理原则，而不是如自上而下式进路一般直接定义什么是道德。自上而下式进路在培育智能体的隐含价值观上表现得更为直接，这种通过自下而上的发展方式更能反映出行为体具体的因果决定因素。因此，自下而上式进路要求人工道德智能体能够进行自我发展，而发展则是一个漫长和反复的过程。但是，这种进路也存在某种缺陷，一是这种自下而上式进路也许缺乏安全性，如让系统处于道德伦理自上而下的引导下；二是这种自下而上式进路似乎也是人类负担不起的奢侈。

工程师对于复杂任务，通常都是从自上而下式的分析开始，去指导自下而上式的组织模块。因此，自上而下式进路与自下而上式进路的相互作用称为混合式进路，而如何将这两个进路统一起来则成为科学家思考的一个问题，在亚里士多德的教诲中我们可以找到解决问题的关键——伦理美德、实践智慧和智识美德。他认为，智识美德是可学习的，但是伦理美德却需要通过习惯养成和实践练习的，这就意味着将不同的美德安置在人工道德智能体上可能需要不同的方式。

温尔德和科林提出的构建人工道德智能体的混合式进路在军事界也受到广泛关注，如在《自主军用机器人：风险、伦理与设计》这一报告中，就提出应该采用这一进路来设计军用机器人（见图6-12）。

图6-12 军用机器人

3．对机器人道德伦理的未来设想

自上而下式进路、自下而上式进路和混合式进路都是在理论上描述该如何设计人工道德智能体，但是没有任何人知道该如何去实现它。

根据理论上的三条进路，研究人员也提出了在实际中应该如何设计道德软件的三条一般进路，也许可能不止三条进路，但是，在已经开始的现实的编程工作中，就只采用了以下三条进路。

（1）设计道德软件是基于逻辑的进路的，它试图提供一个数学上严格的框架来模拟理性智能体的道德推理。

（2）设计道德软件是基于案例的进路的，从道德或不道德的行为事例中探索各种推理或学习道德行为的方式。

（3）设计道德软件是多智能体进路的，即研究当遵循不同伦理策略的智能体相互作用时都会发生什么。

◉ 6.4.2　社交机器人伦理问题

将人工情感作为社交机器人的典型特征之一，已经成为学界共识，由于人工情感的不真实性和人类情感的真实性之间的失衡性关系，引发了一系列伦理风险问题，其中主要体现于社交机器人对人类同理心的"操控性"和其"欺骗性"。人类需要从法律、伦理监管，社交机器人的优化设计，以及人类对自身的道德、价值观念的调整等方面着手才能有效地应对相关伦理风险。

随着社交机器人的普及，其所引发的伦理风险问题也受到越来越多的关注，其中关注的焦点就体现在社交机器人的人工情感方面。人工情感毕竟不是真实的人类情感，人们对它的认知存在多方面的不足，因此这会造成许多潜在的伦理问题。本文通过对不同学者的理论进行梳理和对比，分析社交机器人"单向度情感"伦理风险问题的成因、表现形式及解决路径等，希望能引起学界的共鸣。

1．"单向度情感"：人机交互的伦理陷阱

随着人工智能技术的发展，智能化产品也日渐进入我们的日常生活之中，其中社交机器人的应用就是人工智能这一新技术革命所带来的广泛影响的重要体现。那么，什么是社交机器人？它有哪些典型特征？韦斯娜（Vesna Kirandziska）和内韦娜（NevenaAckovs-ka）两位学者认为："社交机器人（见图 6-13）应该有一些人类的特点，比如，能进行语言和非语言交流，它们应该有自己的身体，它们应该会感知和表达情感。正如定义得那样，使机器人成为社交机器人的一个特殊条件是嵌入情感。"此外，来自卡耐基梅隆大学机器人研究

所的特伦斯（Terrence Fong）等人，通过梳理社交机器人的发展历史和分析社交机器人的不同类型，总结出社交机器人的七大特征：①表达或感知情感；②与高层级对话沟通；③学习或识别其他代理的模型；④建立或维护社会关系；⑤使用自然的暗示（凝视、手势等）；⑥表现出鲜明的个性；⑦可以学习或发展社交能力。中国学者邓卫斌和于国龙通过对国内外多个社交机器人的功能进行对比分析，总结道："纵观国内外社交机器人的发展可以发现，人机交互和情感化始终是其研究的重点。"综合以上对于社交机器人的描述和研究可以看出，情感因素是社交机器人不可或缺的，是其典型特征之一。为什么对于社交机器人来说情感因素是如此重要呢？特伦斯等人分析出三大原因：①在社交机器人中使用人工情感有几个原因。当然，它的主要目的是帮助促进可信的人机交互。②人工情感还可以向用户提供反馈，如指示机器人的内部状态、目标和（在一定程度上）等。③人工情感可以作为一种控制机制，驱动行为，反映出机器人在一段时间内如何受到不同因素的影响，并适应不同的因素。其实，对于后两种原因而言，无论是提供反馈（从用户角度而言），还是进行内部调控（从机器人角度而言），其最终的目的还是在"促进可信的人机交互"，这正是社交机器人的情感设定的根本原因。进一步讲，在现实应用中，社交机器人是如何来表达情感的呢？特伦斯等人分别从机器人的"言语""面部表情""肢体语言"三个方面考察了社交机器人的情感表达机理。

图 6-13　社交机器人

　　尽管社交机器人的情感设定理由十分充分，并且其情感的表达方式也多样，但是在现实应用中的效果却不尽如人意。正如鲍姆格特纳（Bert Baumgaertner）和魏斯（Astrid Weiss）所言："目前已经有一些陪护机器人能够根据照顾者和被照顾者之间的互动模式来表达模拟的情感，但它们的实际互动和沟通能力仍然非常有限。"韦斯娜和内韦娜将这种社交机器人情感表达的现实困境归结为两点原因，一是"情感定义的多样性使得我们很难理解什么是真正的情感，它们是如何表现和表达的"；二是"另一个困难表现在情感感知方面，它是因个性和文化差异造成的。"就情感的多样性而言，普拉契克（Robert Plutchik）的"情感之轮"（wheel of emotions）理论认为人类在"四个强度水平上共发生 224 种情绪"。事实上，人类所表现出的情感特征要远远多于 224 种，社交机器人很难做到对人的情感的全方位模拟。就跨文化、个体差异与情感表达差异之间的关系而言，情感表达样式的多样化也是显而易见的，例如，霍尔（Hall）认为，在"高语境文化"中，人们的表达方式较为间接和含蓄，在"低语境文化"中，大多数事情都需要解释，人们的表达方式较为直接。因个体差异而导致的情感表达差异现象则更为明显。可以看出，人类的文化多样性和个体的特殊性在一定程度上促成了人类情感表达的丰富性，这是社交机器人所无法比拟的。

　　正是由于上述这些困难，在现实中，社交机器人很难敏锐地、及时地给人以充分的情感反馈，相反，在人机交互过程中，人类对机器人的情感反馈则显得丰富而深刻得多。朔伊茨（Matthias Scheutz）认为："已经有足够的证据表明，人们很容易受到实验室之外社交机器人的影响，尤其是当他们与机器人重复进行长期互动时。"他在文章中列举了一个关于 Roomba 扫地机器人的真实案例，他认为，"随着时间的推移，人类会对 Roomba 产生一种强烈的感激之情，因为它能清洁他们的家。"扫地机器人（见图 6-14）本来是被设计为替人类打扫房间的，但是"有些人会替 Roomba 完成打扫工作，这样扫地机器人就可以休息了，而另一些人则会把 Roomba 介绍给他们的父母，或者在旅行时带上它，因为他们成功地发展了（单向的）关系。"可以看出，朔伊茨已经敏锐地察觉到了人机交互的单向性关系，而这种单向性主要体现在情感维度上，一方面，由于技术的限制，社交机器人无法充分地模拟人类复杂多样的情感，并给人以对等的情感反馈；另一方面，由于社交机器人的拟人化特征、与人的长期互动、人类的"多愁善感"等原因，人类赋予机器人情感，而这种情感大多是"一厢情愿"的，非对称的。社交机器人的设计初衷是增强人机交互，陪护和照料人类，但是由于它的"单向度情感"缺陷，也为人类在人机交互过程中埋下了伦理风险陷阱。

图6-14 扫地机器人

2."单向度情感"伦理风险的典型类型

1)被操控的同理心

　　机器人被赋予情感,很大程度上是人类的同理心(Empathy)在"作怪"。对于人类而言,同理心有其特殊的作用,是人类在进化过程中形成的心理机制。美国堪萨斯大学的舒尔茨(Armin Schulz)认为:"似乎有两种不同的选择性压力来源导致了这种特质的进化(尽管还需要进一步的研究来证实这一点)。首先,同理心可以促进合作,而合作反过来又具有很强的适应性(如帮助后代)。然而,进一步证明,这种合作同理心可以是利他的,也可以是利己的。其次,同理心可以帮助快速应对环境突发事件(如掠夺性攻击)。"由此可见,在人类生存进化过程中,同理心是一种必不可少的能力或者特质。苏林思(Sullins)认为:"无论是生理因素,还是社会进化因素,似乎都为我们提供了一种能力,使我们能够将情感依附扩展到我们自己物种之外。"而一旦人类将这种能力运用到非生物体的机器人身上,就会产生一些风险,苏林思直言不讳地指出:"有一件事应该是非常清楚的,那就是情感机器人,就像今天看起来的那样,通过操纵人类的心理来达到最佳效果。人类似乎有许多进化出来的心理弱点,可以利用这些弱点让用户接受模拟的情感,就像它们是真实的一样。利用进化压力所带来的人类根深蒂固的心理弱点是不道德的,因为这是对人类生理机能的不尊重。"可以看出,当人类与机器人处于一种"单向度情感"关系之中时,人类的同理心可以被情感机器人操控、利用,这不仅是不道德的,而且其后果也是不堪想象的。

　　然而在现实中,这种情况不仅没有得到有效抑制,反而还被"煽情化"了。正如朔伊茨所言："社交机器人显然能够推动我们的'达尔文按钮'，即我们社交大脑中的进化产生的机制，以应对社会群体的动态和复杂性，这些机制自动触发对其他代理人心理状态、信念、欲望和意图的推断。"社交机器人为什么能如此显然地"推动我们的'达尔文按钮'"呢？或者说，在社交机器人面前，人类的同理心为何表现得如此明显？在朔伊茨看来，这与对社交机器人的设计和宣传有直接关系。可以看出，从一开始，社交机器人（见图6-15）的设计就陷入了"情感矛盾"。一方面，它需要通过情感的内置，人格化、可爱的形象来吸引用户，进而促进人机交互；另一方面，这些人格化、情感化的设计又促使人类更加依恋机器人，如果再加上商业性的过度煽情式宣传，人类的同理心就会被强化，甚至被操控。这种操控不仅体现为"对人类生理机能的不尊重"，而且也可能会传导致对道德的操控，因为"同理心对道德生活至关重要，它有助于发展广泛的道德能力，如同道德能力被各种伦理理论所定义的那样。同理心有可能丰富和加强对他人的道德审慎、行动和道德辩护。"此外，对同理心的操控可能还会衍生出其他伦理问题。例如，社交机器人通过利用同理心来取得用户的更多信任，进而广泛收集用户的隐私信息等。

图6-15　社交机器人

2）具有欺骗性的社交机器人

相较于人的同理心被操控，有一个更为宏观的伦理问题需要人类去面对，即欺骗。为什么社交机器人具有欺骗性呢？科克尔伯格（Coeckelbergh）从三个方面总结了原因："①情感机器人企图用它们的'情感'进行欺骗。②机器人的情感是不真实的。③情感机器人假装是一种实体，但它们不是。"可以看出，这三者之间的逻辑是层层递进的，"欺骗"之所以产生，根源在于机器人自身的非生物体特征，基于电子元器件、算法等构成要素的机器人无法产生生物意义上的真实情感，进而表达的非真实情感就构成了欺骗。斯派洛（Sparrow）也通过比较机器人与生物体之间的区别，指出了机器人的欺骗性特征，他认为："尽管宠物机器人的行为方式可能被设计得与真实动物的行为非常相似，但它们的行为仍然只是模仿，特别是机器人没有任何感觉或体验。""机器人至多有复杂的机制来模仿情感状态。"阿曼达·夏基（Amanda Sharkey）和诺埃尔·夏基（Noel Sharkey）则从拟人主义（anthropomorphism）的角度对机器人的欺骗问题进行了分析，他们认为："设计机器人来鼓励拟人化属性可能被视为一种不道德的欺骗形式。"

诚然，正如之前所讨论的，设计师将机器人拟人化有利于促进人机交互。但是它的负面影响也是显而易见的，斯派洛认为："一个人要想从拥有一只机器宠物中获得巨大的好处，就必须系统地欺骗自己，不去了解他与动物之间关系的真实本质。他需要一种道德上可悲的多愁善感。沉溺于这种多愁善感违背了我们必须自己准确理解世界的（薄弱）责任。这些机器人的设计和制造是不道德的，因为它预设或鼓励了这种欺骗。"根据斯派洛的论述，至少可以看出机器人的欺骗性会造成两点负面影响：第一，使用户沉溺于情绪化；第二，削弱了用户理解和认知世界的（薄弱）责任。就第一点而言，情绪化或者多愁善感本身并没有太大的坏处，更谈不上"不道德"，但是通过欺骗的方式而将人的情感导向于"错误"的对象，甚至使人的情感沉溺于其中的行为就是一种不道德。此外，人们还可能会被机器人激起的情感蒙蔽双眼，使人无法准确地理解和认知世界，反而活在自我陶醉的虚幻世界中，进而削弱了本身就较弱的人"正确理解世界"的责任，而这一薄弱责任能够保证我们活得真实，并且使我们的人生充满意义和价值。斯派洛强调："我认为我们直觉的力量反映了我们的信念，即虚幻的经历在人的一生中没有任何价值。这里明显不道德的是欺骗人们或鼓励他们自欺欺人的意图。"也许社交机器人本身并没有任何"意图"，但是，非生物体性和拟人化为一身的特征导致了来自机器人的虚拟情感和来自人的真实情感关系的失衡，这种虚拟与真实之间失衡的、不对等的情感关系就体现为一种欺骗关系。而这种欺骗性导致了人们"正确理解世界"的（薄弱）责任的进一步弱化，进而人们可能会沉溺于虚幻的人机交互之中，从而失去人生本该有的真实的价值。正如，特克尔（Turkle）在《群体性孤独》一书中所描述的那样："当你和机器'生物'分享'情感'的时候，你已经习惯于把'情感'缩减到机器可以制造的范围内。当我们已经学会对机器人'倾诉'时，也许我们已经降低了对所有关系的期待，包括和人的关系。在这个过程中，我们背叛了我们自己。"这样看来，作为罪魁祸首的社交机器人的欺骗性确实是"不道德"的。

3. 伦理风险化解的可能路径：从社交机器人到人

对于社交机器人造成的这些"单向度情感"的伦理风险，我们是否束手无策了呢？答案是否定的。学者分别从不同的路径提出了风险化解方案。总的来说，可以分为两条路径：一条路径是围绕着社交机器人展开的；另一条路径是围绕着人展开的。

1）以社交机器人为中心的伦理风险化解路径

一般来说，从外部对社交机器人进行监督管理是一种有效的化解伦理风险的方法。目前，世界各国都在紧锣密鼓地制定各种人工智能的伦理原则或相关法律，但这些法律原则都比较宽泛，很少有专门针对社交机器人量身定制的。难得的是，在 2019 年 3 月电气与电子工程师协会（IEEE）全球倡议推出了《符合伦理的设计：以自主和智能系统优先考虑人类福祉的愿景》，其中用一个章节专门来探讨社交机器人伦理问题。在这一章节中，有六个原则性倡议被提出。

（1）亲密系统的设计或部署不应有成见、性别或种族的不平等或加剧人类苦难。

（2）亲密系统的设计不得明确地参与对这些系统用户的心理操控，除非用户意识到他们正在被操控并同意这种行为。任何操控都应通过选择性加入（opt-in）系统进行管理。

（3）关怀式自主智能系统的设计应避免造成用户与社会的隔离。

（4）情感机器人的设计者必须公开告知。例如，在产品说明书中写清这些系统可能会产生副作用，如干扰人类伙伴之间的关系作用方式，导致用户和自主智能系统之间形成不同于人类的依赖关系。

（5）具有关怀性用途的自主智能系统不应该被呈现为具有法律意义的人，它们也不应该被赋予人的身份并进行售卖。

（6）关于个人形象的现行法律需要从关怀式自主智能系统方面进行重新审议。除了其他伦理考虑外，关怀式自主智能系统还必须要与当地的法律和习俗相适应。可以看出，这六个方面的原则倡议涵盖了社交机器人伦理的各个方面，既有心理操控问题、情感依赖问题，又有机器人身份问题、外观问题、歧视问题、跨文化问题等，它们对社交机器人伦理原则和相关法律的制定具有较强的指导意义。

除了从外部监管来控制社交机器人的伦理风险之外，还可以从社交机器人的内部设计来寻找应对的办法。根据上面所讨论的情况来看，社交机器人的伦理风险主要是由情感问题造成的，所以其内部设计应当考虑情感因素。朔伊茨提出了一个比较极端的方案，他认为："我们需要的是一种方法来确保机器人不会以另外的、（正常）人类无法做到的方式来操纵我们。为实现这一目标，可能需要采取激进措施，即赋予未来机器人以类人的（human-like）情感和感觉。"然而，这样美好的愿望是否能实现呢？有学者对此提出了质疑。戈德贝希尔（Godbehere）认为，人对复杂语境的感知、人脑记忆的动态构建、人的情感过程的模糊性、人类进化出来的感官、人的内在感受性等，都是机器人无法模拟的，这也导致了机器人无法真正地进行"情感体验"。此外，戈德贝希尔还提出了一个颇让人深思的问题，即"创造一台体验情感的机器并不能告诉我们是否拥有一台和我们一样感受情感的机器。它可能表现得好像是这样，它可能说它是这样的，但是我们真的能知道它是这样的吗？"戈德贝希尔在这里提出了一个挑战，即就算我们制造出能够体验人类情感的机器人，但我们能否真正理解，甚至体验机器人的情感呢？如果不能做到彼此理解，就会出现一种新的情感失衡。和戈德贝希尔的"诘难"相比，鲍姆格特纳和魏斯的批判显得更有"杀伤力"，他们直接否认了情感内置方案的必要性。他们认为，"陪护机器人的相关行为对于成功建立其与人之间的关系至关重要，而不是这种行为的来源。因此，我们认为，除非情感理论是建立在纯粹的行为基础上的，否则，对于老年人陪护机器人的人机交互伦理来说，情感理论是不必要的。"鲍姆格特纳和魏斯不仅认为行为比情感更重要，而且还认为"情感会妨碍有效的护理行为"。可以看出，鲍姆格特纳和魏斯从相反的方面，即通过解除社交机器人的情感重要性来化解因机器人情感问题而起的伦理风险。

2）以人为中心的伦理风险化解路径

如果说鲍姆格特纳和魏斯从机器人的角度"釜底抽薪"式地化解了社交机器人的伦理风险问题，那么科克尔伯格则从人的角度消弭了机器人的本体论预设，进而也化解了社交机器人的伦理风险。科克尔伯格从一开始就亮明了自己的立场和方法，他强调道："我提出的机器人伦理学方法是有意识地以人类为中心，而不是以机器人为中心。让我们转向交互的哲学，认真对待外观的伦理意义，而不是关于机器人究竟是什么或（能够）思考什么的心理哲学。这是一个从'内部'（机器人的心理）到'外部'（机器人对我们做什么）的转变。"可以看出，科克尔伯格提出了一种独特的机器人伦理学方法，与传统机器人伦理学方法不同，这种方法不是从机器人的内部（心理）出发的，而是从机器人的外部（外观特征）出发的，并且将机器人的外观与人相联系，最终在人机交互的情境下来思考机器人伦理问题。科克尔伯格这一独特的机器人伦理学方法的思想来源是现象学，正如他所说："根据另一种哲学认识论传统（现象学），在真实与表象之间做出如此明显的区分是不可能的：我们对真实的看法总是经过中介构建的，我们所认为的真实是我们所看到的真实。"机器人的外观特征，在这里正是一种"中介"，是"我们所看到的真实"。因此，科克尔伯格基于外观的机器人伦理学方法有效地避免了关于机器人的真实性（包括情感真实）问题的探讨，而将重点转移至与机器人外观紧密相关的人机交互情境问题的分析。

科克尔伯格认为："因批判情感机器人而引入的真实与虚幻（reality-illusion）的区别应该是对机器人的外观的区别：在某些情境下，机器人看起来像是机器，在某些情境下，机器人看起来像人，而'不仅仅是一台机器'。"正是因为情境的存在，我们不能简单地、绝对地、孤立地对机器人的真假进行评判。科克尔伯格认为："似乎机器人可以在不同的时间、不同的环境（如家庭护理的环境和科学实验室的环境），以不同的方式出现在不同的人面前。机器人有不同的格式塔（Gestalts），它们不能同时体验，但都是'真实的'可能性。"机器人之所以有多种"真实的"可能性，就在于科克尔伯格没有孤立地来考察机器人内部的"心理""情感"等特性，而是将其放在人机交互的情境之中来研究，有效避免了传统方法中的本体论预设。正如他所言："属性观假设一个实体只有一个'正确'的本体状态和意义，与机器人的'外观'和'感知'形成对比。那些指责人们行为不'应该'的人依赖于道德科学，而道德科学假定了实体（如机器人，作为一个物自体本身）和实体的外观之间的二分法。但我们可以想到另一种非二元论的认识论,它拒绝这种二分法,接受一个实体可以以几种方式出现在我们面前,而这些方式都没有先验的本体论或解释学的优先权。"可以看出,在没有本体论预设的情况下,科克尔伯格的机器人伦理学方法对于处理伦理风险的优势已经完全体现出来了。"欺骗"的前提是从本体论上首先认定机器人不是情感物,或者是不真实的情感物,对于传统的伦理学理论而言,机器人的非真实性是预先存在的,因此对人类构成了"欺骗";而科克尔伯格基于外观的机器人伦理学理论认为,在具体的人机交互情境中,不存在任何"本体论"的优先性,只有人机交互的关系性和体验性,所以也无所谓"欺骗"。科克尔伯格强调:"我们所需要的,如果有的话,不是'真实',而是与特定情境相适应的恰当的情感反应。"至此,社交机器人的欺骗性伦理风险问题就消弭在人机交互情境之中。科克尔伯格对社交机器人与人类进行交互的伦理风险问题始终持较为乐观的态度,他对未来人机共生世界的一些观点给了我们十分有益的启示。他认为:"尽管现在我们倾向于从柏拉图式和浪漫主义的角度来看待与社交机器人的情感交流,但在未来,如果我们的价值观发生变化,如果我们对与其他实体之间的关系更加信任,我们很可能会学会与我们现在称之为'欺骗'的机器人一起生活。"诚然,未来的世界不得而知,但是科技进步及其与我们生活的高度融合是未来社会发展的一种必然趋势,人类为了更好地生存,为了繁荣福祉,面对不断革新的世界应当敞开怀抱,积极地去调整自己的价值观念和道德观念。

制造社交机器人的目的是促进良好的人机交互,尤其是帮助那些需要情感安抚的群体,因此,具有人工情感是社交机器人的典型性特征之一。然而,虚拟的人工情感和真实而丰富的人类情感之间存在一种天然的失衡性,人类对社交机器人形成了一种"单向度情感"依赖,进而产生了一系列潜在的伦理风险。一方面,人类"柔弱"的同理心在高度拟人化的社交机器人面前"不堪一击",用户很有可能面临着被操控的伦理风险;另一方面,在与虚拟的社交机器人进行人机交互的过程中,人类可能会沉溺于自欺欺人式的情感之中,逃避正确理解真实世界的责任,虚度有价值的人生。为了化解这些潜在的伦理风险,一方面需要加强法律道德的监管,从各个环节来避免风险产生的可能;另一方面需要通过科技的发展来使得社交机器人更像人类,变得更为"真实";与此同时,人类也应当坦然地去面对未来人机共生的"技术-道德的世界",及时调整自身的道德观念、价值观念,积极应对新技术革命所带来的变化。

因此,人工智能所涉及的科技伦理问题,诸如机器人道德伦理问题、社交机器人伦理问题、数据隐私问题、军事机器人伦理问题,随着科技的发展,很快都会有完善的解决方案。人工智能技术引发的伦理问题产生的原因应从技术层面、制度规范层面、人类自身层面考虑。为此,我们要加强各国间人工智能的技术交流,通过相关法律制度规范人工智能技术的发展,并且加强人类自身道德修养。只有这样,人工智能技术才能朝着有利于人类的方向发展。

6.5 人工智能的国际博弈

无论国际还是国内，人工智能正掀起新一轮的创新热潮，而开启人们对人工智能新认识的，要数 2016 年初"阿尔法围棋战胜围棋高手李世石"事件。实际上，这并不是人工智能与人类首次下棋，在"棋道"上，人工智能与人类之间的博弈早已开始。而人工智能与人类在棋局上的斗智斗勇，也是其在起伏中不断探索的发展之路。

◈ 阿尔法围棋的博弈论

谷歌的阿尔法围棋在与棋手李世石的人机大战中，最终以 4 : 1 赢得胜利（见图 6-16）。这一人类智慧和人工智能的对决在世界各地掀起了对人工智能空前的关注热潮。

图 6-16 阿尔法围棋 vs 李世石

阿尔法围棋是一款围棋人工智能程序，由谷歌 Deep Mind 团队开发。阿尔法围棋将几项技术很好地集成在了一起：通过深度学习技术学习了大量的已有围棋对局，接着应用强化学习通过与自己对弈获得了更多的棋局，然后用深度学习技术评估每一个格局的输赢率（即价值网络），最后通过蒙特卡洛树搜索决定最优落子（见图 6-17）。同时谷歌用超过 1 000 个 CPU 和 GPU 进行并行学习和搜索。

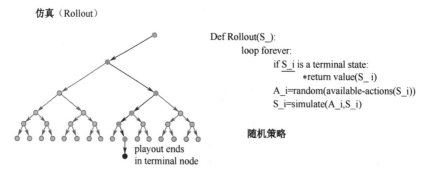

仿真（Rollout）

```
Def Rollout(S_):
    loop forever:
        if S_i is a terminal state:
            *return value(S_ i)
        A_i=random(available-actions(S_i))
        S_i=simulate(A_i,S_i)
```

随机策略

playout ends
in terminal node

图6-17　通过蒙特卡洛树搜索决定最优落子

　　在过去的20多年中，人工智能在大众棋类领域与人类的较量一直存在。1997年，IBM公司研制的深蓝系统，首次在正式比赛中战胜人类国际象棋世界冠军卡斯帕罗夫，成为人工智能发展史上的一座里程碑。然而，一直以来，围棋却是个例外，在这次阿尔法围棋取得突破性胜利之前，计算机围棋程序虽屡次向人类精英发出挑战，但其博弈水平远远低于人类，之前最好的围棋程序（同样基于蒙特卡洛树搜索）被认为达到了业余围棋五、六段的水平。这其中的一个原因就是围棋的棋局难于估计，对局面的判断非常复杂。另外一个更主要的原因是围棋的棋盘上有361个点，其搜索的宽度和深度远远大于国际象棋，因此，求出围棋的均衡策略基本是不可能的。阿尔法围棋集成了深度学习、强化学习、蒙特卡洛树搜索，最终取得了成功。

　　我们这里顺便说一说人工智能和人类在另一项棋类项目——德州扑克的较量。德州扑克于20世纪初出现在得克萨斯洛布斯镇，后来在全美大面积流行起来。德州扑克以其易学难精的特点，受到各国棋牌爱好者的青睐。世界德州扑克系列大赛（WSOP）是一个以无上限投注德州扑克为主要赛事的扑克大赛，自20世纪70年代登陆美国以来，比赛在赌城拉斯维加斯的各大赌场举行。其中，以冠军大赛的奖金额最高，参赛人数最多，比赛最为隆重，北美各地的体育电视频道都有实况转播。有史以来第一次人类和计算机无限注德州扑克比赛于2015年4月24日到5月8日在美国宾夕法尼亚匹兹堡的河边赌场举行，组织者为卡内基梅隆大学的Tuomas Sandholm教授，包括微软研究院等多家机构提供了奖金支持。该比赛共有两组玩家，一组是计算机程序Clau-do，另一组是该类扑克游戏的顶级专家Dong Kim、Jason Les、Bjorn Li和Doug Polk。Clau-do是之前Tartanian（2014美国人工智能大会计算机扑克大赛冠军所用的程序）的改进版本。该比赛一共进行了8万回合，最后扑克专家以微弱的优势获得了胜利，学术界认为Clau-do取得了很大的成功。

　　和阿尔法围棋不同的是，Clau-do的策略基于扑克博弈的近似均衡。围棋比赛本身是一种完全信息博弈，而扑克是不完全信息博弈（玩家不能观测到对手手中的牌），因此比完全信息博弈更难解决。Clau-do 通过下面三个步骤决定其策略。

第一步：原始博弈被近似为更小的抽象博弈，保留了最初博弈的战略结构。

第二步：计算出小的抽象博弈中的近似均衡。

第三步：用逆映射程序的方法从抽象博弈的近似均衡建立一个原始博弈的策略。

Clau-do 的成功必须归功于算法博弈论最近几年的进展。在 2015 年年初《科学》杂志发布的一篇论文中，加拿大阿尔伯塔大学计算机科学教授 Michael Bowling 带领的研究小组介绍了求解有上限投注德州扑克博弈均衡的算法，基于该均衡策略的程序 Cepheus 是接近完美的有上限投注德州扑克计算机玩家，导致人类玩家终其一生也无法战胜它。这并不是说 Cepheus 一局也不会输，但是从长期来看，结果只能是平手，或者计算机获胜。需要注意的是，有上限投注德州扑克博弈比无上限投注德州扑克博弈要容易求解。

围棋和扑克在本质上都是博弈问题。1944 年，"博弈论之父"John von Neumann 与 Oskar Morgenstern 合著《博弈论与经济行为》，标志着现代系统博弈理论的初步形成。历年来，博弈论与计算学科学不时有显著的重叠，但在早期，博弈论主要为经济学家所研究应用。事实上，博弈论现在也是微观经济学理论的主要分析框架。博弈论在经济教科书中的应用非常广泛。在经济科学领域，很多杰出的博弈理论家曾荣获诺贝尔奖，如 2012 年诺贝尔经济学奖得主罗斯和沙普利。

就在博弈论理论出现后不久，人工智能领域紧随其后得到开发。事实上，人工智能的开拓者如 von Neumann 和 Simon，在两个领域的早期都有杰出贡献。博弈论和人工智能实际上都基于决策理论。例如，有一个著名观点——把人工智能定义为 "智能体的研究和构建"。从 20 世纪 90 年代中期到后期，博弈论成为计算机科学家的主要研究课题，所产生的研究领域融合计算和博弈理论模型，被称为算法博弈论。近几年来，算法博弈论发展尤为迅速，得到了包括哈佛大学、剑桥大学、耶鲁大学、卡内基梅隆大学、加州伯克利大学、斯坦福大学等世界各大著名研究机构的重点研究，该领域的会议如雨后春笋般出现，并与多智能系统研究融合，其普及程度已经在缓慢地追赶人工智能。算法博弈论的主要研究领域包括各种均衡的计算及复杂性问题、机制设计（包括在线拍卖、在线广告）、计算社会选择等，并在包括扑克等在内的很多领域得到应用。过去几年，算法博弈论在安全领域的资源分配及调度方面的理论——安全博弈论，逐渐建立并且在若干领域得到成功应用。

与算法博弈论求解均衡策略或者近似均衡策略不同，基于学习及蒙特卡洛树搜索的阿尔法围棋无法在理论上给出赢棋的概率。考虑到将博弈抽象的思想应用到扑克博弈上的成功，是否可以将围棋博弈抽象成小规模的博弈，求解（近似）均衡策略，并产生原始博弈问题的策略。即使这种策略不能有赢棋概率的保证，这些基于均衡产生的策略也有可能对提高阿尔法围棋的性能提供帮助。从另外一个角度看，深度学习技术是否会为求解大规模博弈问题提供帮助也值得探索。也许我们无法证明基于深度学习的策略能够形成某种均衡，但是可能会从实验模拟结果来说接近均衡策略。因此，阿尔法围棋的成功不仅会引爆人工智能研究的热潮，也会促进人工智能与算法博弈论的进一步交融与发展。

此次"人机大战"中，阿尔法围棋确实击败了李世石，但作为人工智能的代表，阿尔法围棋的全部智慧均来自其设计团队，与其说是机器战胜了人类，不如说是人类借助机器，找到了提升自身智慧和能力的新方法。可以说，了解人工智能的世界博弈对真正学好人工智能是非常必要的。

6.6 人工智能的产业赋能

人工智能在产业领域的融合趋势越发普遍，无论是在传统产业，还是在新兴产业，人工智能技术或产品均得到了不同程度的应用。家居领域中，人工智能与传统家电的融合使得各式智能家电终端产品层出不穷；公共安全领域中，已出现武装打击机器人、人工智能警务风险评估软件、地震信息播报机器人等产品；生物医药领域中，人工智能开始应用于医疗诊断、医疗器械、药物研发等方面；客户服务领域中，客服机器人的上线为企业客户提供全天候服务，不断提升服务质量。

◎ 6.6.1 金融

随着科技的进步和发展，财务机器人成为当前企业会计信息化建设的重点。针对中小型金融企业，本小节结合其特点介绍了财务机器人系统在电子发票、智能结算及监控等传统会计领域的建设现状，同时分析了财务机器人在金融机构盈利能力分析、全面预算等管理会计领域进一步建设的需求及发展方向。

1. 财务机器人创新应用及发展

德勤财务机器人、普华永道财务机器人的应用无疑是近年来对会计人员影响最大的事件之一。财务机器人（见图 6-18）在企业管理中可以实现替代财务流程中重复性的手工操作、管理，以及监控各自动化财务流程、录入信息、合并数据、汇总统计等方面的作用。据公开报道，中化国际、海尔集团、TCL 等大型集团的共享服务中心也已引入财务机器人作业，使企业财务工作效率有了大幅提升。

图 6-18　财务机器人

在财务机器人的引入过程中，不同行业的企业应结合行业情况、企业规模，自主决定财务机器人各个模块及功能建设的必要性和先后顺序。金融企业因其风险控制及合规性的监管要求较为严格，在信息系统方面的建设水平往往高于其他行业。但对于中小型金融企业而言，在满足合规性的系统建设之上，除了财务及员工报销等企业普遍性需求的财务系统之外，电子发票、盈利分析等功能往往是需要关注及建设的重点。

2. 金融机构财务机器人建设及应用情况

1）发票系统

对于往来单位及个人数量较多的企业，尤其是处于金融等特殊行业的企业来说，发票的开具及校验认证一向是业务流程优化的重要节点。针对该情况，国税总局要求"各地国税机关要高度重视电子发票推行工作，精心组织，扎实推进，满足纳税人开具使用电子发票的合理需求""重点在电商、电信、金融、快递、公用事业等有特殊需求的纳税人中推行使用电子发票"（发票系统见图 6-19）。在该指导精神下，各金融机构纷纷通过税控服务器等方式实现集中开票管理。企业通过系统向税务局端进行发票申请，审批通过后，即可由业务系统实时调用电子发票系统进行批量电子发票开具。该过程可以实现自动实时开票，人工"零干预"；智能推送到客户终端，实现"零在途"；提升发票管理，发票"无纸化"，极大地优化了业务流程，提升了开票效率和客户满意度。

图 6-19 发票系统

由于市场费用、管理费用等各项运营费用是金融机构运营的重要成本，进项发票管理也是当前金融机构系统建设的重点。进项发票报销主要涉及报销发起、关联发票、发票查验、发票核算、发票认证、认证确认等流程。在引入财务机器人之后，电子发票系统可以结合光学字符识别（OCR）技术，实现发票信息的提取，并关联税务局系统自动进行发票真伪校验、认证，同时完成金融机构系统的自动核算记账。该系统可以大幅提高报销的准确率，加快专票的抵扣速度，节约大量人力成本，同时还可以实现发票数据的电子化，由系统自动进行报销合规性检查，降低涉税风险。

2）结算及监控系统

对于广大金融机构来说，结算业务的效率极大地影响了业务流程的有效性，因此以"银企直连"为代表的智能结算平台一般应是非银行金融机构财务机器人系统构建的基础。除工、农、中、建、交等大型商业银行实现的"银企直连"同行实时结算扣款功能之外，部分股份制银行提供了"银企直连"跨行扣款业务功能，同时某些持有支付牌照的机构也可以实现跨行结算。在完成基础的"银企直连"系统对接之后，金融机构财务机器人的上线可以实现实时放款、收款、抵扣及自动入账，并支持 7×24 小时操作。对于结算业务涉及多个银行的，财务机器人还可以自动完成多个银行、多个银行账号的余额对账和自动生成调节表工作，全过程无须人工干预。同时，系统也可以实时监控银行头寸，信贷额度预警、控制，支付异常通知提示等智能监控功能。

3．金融机构财务机器人进一步建设需求及发展方向

财务机器人对于传统核算会计和审计的工作形成了较大冲击，相应要求核算会计人员加快升级转型，更多地学习管理会计类知识及技能，为企业的管理和发展提供支撑。财务机器人在管理会计领域的预算管理、成本管理、管理会计报告等多个方面均能起到较大的辅助作用，管理会计领域的信息系统搭建将是各金融机构财务机器人建设的重要方向。

1）盈利能力分析系统

盈利能力分析系统（见图 6-20）包含了金融企业对于资金成本、运营成本、经济资本管理等多项成本的全面分析及最终出具管理会计报告的全过程，涉及了资金转移定价（FTP）、成本分摊、多维度盈利分析等多项管理会计工具的运用。大型金融机构，如建设银行等，从 20 世纪 90 年代就开始了管理会计研究工作，在 2005 年建立了条线／产品的盈利分析，当前以盈利能力分析为代表的管理会计体系建设成为了中小型金融机构财务管理的重点。由于盈利能力分析针对的成本管理涉及业务条线广、业务数据量大，在体系搭建、数据分析的过程中，规则明确的数据抓取及重复计算部分必须借助财务机器人系统来辅助完成。在完成资金定价、成本分摊等原始数据分析处理之后，财务机器人对于数据的归类汇总及最终盈利分析管理会计报告的呈现也会起到较大的帮助作用。

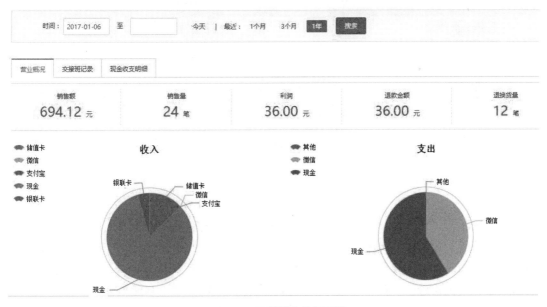

图 6-20　盈利能力分析系统

2）全面预算管理系统

金融企业的全面预算管理是落实发展战略和年度经营目标、开展经营活动的主要依据，涵盖了业务发展、资产质量、财务预算、资金及资本计划等多个方面。与工业企业相同，零基预算及增量预算、定期预算及滚动预算、固定预算及弹性预算也是金融企业全面预算管理过程中常用的预算管理工具（全面预算管理系统见图6-21）。但由于涉及业务维度较广，并且流动性管理等风险管理的要求较高，金融机构对于预算工作的准确性和及时性要求相较一般企业会更高，造成预算编制、预算监控相较一般企业更为复杂，对历史数据、趋势分析等要求也更为精准。在此需求下，粗放的人工管理已难以满足预算的精准要求，财务机器人的引入对数据分析、预算监控等流程的开展势在必行。

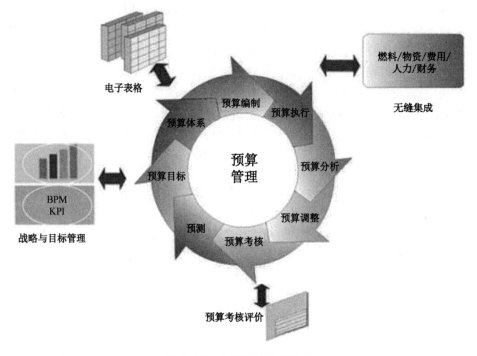

图6-21　全面预算管理系统

由于行业特性及合规性要求，金融企业一般在信息系统的建设上走在时代前列，在财务机器人的引入和搭建上也相对超前。在当前财务机器人的主要领域会计核算等方面，中小型金融机构已大多进行了电子发票、智能结算及监控等多方面的落地。在此基础上，中小型金融企业机构进一步在相对较为前沿的管理会计领域通过盈利能力分析、全面预算管理等工具开始财务机器人建设发展的进一步探索，从而使传统会计核算转型为财务管理，更好地为企业发展创造价值。

⊙ 6.6.2　制造

机器人作为人工智能领域的核心技术，机器人与人工智能具有重要的关联度，两者相互影响，相互发展。本小节重点以淮安及区域制造业为视角，分析了产业布局特点及优劣势，以此为前提剖析了人工智能和工业机器人技术的产业发展，以及在现代制造业中的应用现状。通过对重要数据的统计，分析了人工智能及工业机器人在淮安及区域制造业的发展前景。从缺少龙头骨干企业、缺乏高端技术人才、公共服务体系薄弱和企业创新能力不强等角度提出了系列化针对性建议，具有一定的参考价值。

1. 人工智能及工业机器人在制造业的应用现状和发展前景

人工智能作为新一轮产业变革的核心驱动力，其技术领域主要包括机器人、语言识别、图像识别、自然语言处理和专家系统等。机器人是人工智能技术和现代机电技术的融合发展的结果，人工智能技术与机器人技术的结合将改变传统制造业的行业格局。人工智能是数据和算法的集合，因此人工智能是机器人所需要算法和技术的支撑。人工智能技术都围绕着人的智能特征进行研究，人工智能技术和机器人技术相结合的终极目标是实现具备类人智慧的机器人。首先，人工智能技术为工业机器人产品性能的提升提供更加先进的技术支持，工业机器人发展更显系统性特征，在控制系统、诊断系统及维护系统功能上得到了强化提升；其次，人工智能促使在工业机器人的发展进程中，更加关注其仿生性与生物性的特征，综合成熟与完善的传感器技术发展，实现对人类思维与神经的多功能仿生，能够有效实现对人类行为的模仿与替代，成为新时期工业机器人研发的新动向。

2. 淮安及区域制造业的布局特点及优劣势分析

机器人是引领制造业产业发展和转型的动力引擎，因此机器人产业直接影响区域制造业的布局和发展（工业机械手见图 6-22）。南京、常州、张家港、昆山、徐州等城市的机器人产业规模较大，已经引起了当地产业发展转型。淮安经过多年的培育，淮安工业园区机器人产业园、韩国纳沛斯半导体智能制造产业园、淮安澳洋顺昌光电智造研发产业园、江苏密斯特工业机器人有限公司、达野总部及机器人制造工厂等项目落户淮安，淮安目前在关键设备制造领域已经拥有一批具有自主知识产权的高新技术企业，数字化、集成化、智能化等智能装备比重不断增长。淮安以机器人为代表的高端装备制造无论是企业数量，还是盈利水平都有了较快的发展，呈现出良好势头，但是在行业规模、研发水平、竞争力等方面存在诸多问题。例如，产业层次不高，大部分企业仍处于价值链的中低端；企业"小、散、低"，难以适应国际竞争；技术创新观念薄弱，自主创新能力不足；"达标"企业数量少，产业规模偏小，产品单一。淮安高端制造企业中缺乏具有引领作用的龙头型、旗舰型企业，一个大企业带动形成一个产业链的情况很少。小企业数量比重较大，无论是管理体制还是经营机制都参差不齐。各企业基本处于单打独斗的松散状态，生产销售各自为政，成本高，甚至恶性竞争，与苏南发达地区普遍采取的纵横联合、优势互补的企业发展方式相差很远，由此造成了行业集中度偏低，整体关联度不高，低水平重复建设，专业化协作程度差，资源分散和浪费的现象严重，没有建立起"以大带小、以小保大"的合理结构，也没有形成一个大发展、快发展的氛围，制约了淮安制造业的发展。

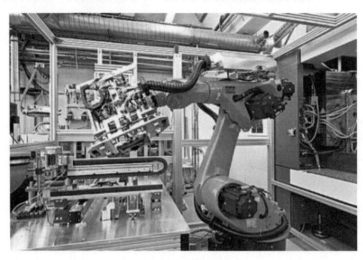

图 6-22　工业机械手

3. 人工智能及工业机器人技术产业应用现状

人工智能产业链主要集中在基础、技术和应用三个层次，基础层产业主要包括大数据、云计算、芯片等领域。技术层产业主要包括算法模型、决策树、神经网络、语音识别、深度学习、视觉、知识图谱等领域。应用层产业主要包括交通、农业、制造业等领域。国外的人工智能企业分布在机器人、图像识别、智能语音、无人驾驶、开源平台等方面，国内人工智能企业分布在机器人、智能家居、人脸识别等方面，由此可见，机器人是国内外人工智能的共性应用产业。机器人分拣机见图 6-23。目前，淮安有一小批开展人工智能相关业务的企业，涵盖人工智能平台、智能软件及算法、机器人及相关硬件、智能传感器、人工智能应用系统，但主要集中在应用层，涉足基础层技术研发的企业不多。基础层的薄弱造成淮安制造应用层产业缺乏后劲，企业技术含量低，自动化、智能化程度低，企业自主创新能力不强，新产品开发能力不足，导致企业产品缺乏核心技术，产品档次总体偏低，容易受外地上下游企业市场波动。南京开发区、苏州工业园区、无锡高新区、常州科教城已经形成了以智能制造、智能传感、物联网、机器人、超级计算产业的集聚效应，出现了埃斯顿、亿嘉和、高华科技、思必驰、中德宏泰、博众等一批国内龙头企业。淮安作为苏北重要中心城市，目前人工智能及工业机器人产业规模较小，产业集聚度不高，产业链条短，现有装备制造业企业在零部件、单机、元器件、中间原材料生产等方面的加工能力较强，但没有形成以大型单机制造厂为核心的向下延伸的产业链。淮安各产业、各企业之间有效整合不够，行业聚集度低，主导产业链不长，上下游产品链接度不高，产业集群效应不明显。

图 6-23　机器人分拣机

⊙ 6.6.3　交通

1. 人工智能在道路交通管理中的应用探讨

随着社会科技不断发展，人工智能应运而生，在人们生活与工作等多方面起着重要影响，人工智能在具有便捷性的同时又具备较高的实用性，人工智能将运用在多个领域。我国道路交通管理中存在诸多问题，易造成交通拥堵等问题，影响人们出行，因此需要将人工智能运用在道路交通管理中，能够有效缓解现阶段我国交通现状，从根本上改善我国交通问题，保障人们出行安全。人工智能运用在交通管理的方方面面，其运用过程是一个由简入深的过程，人工智能的运用是我国交通管理发展的必然趋势。

2. 人工智能在道路交通管理中的优势分析

1）交通检测

将人工智能运用在交通道路管理中，能够实现智能交通监测，模拟人的思维与视角，通过相应计算，将视频中的主要目标筛选出来，以有效解决交通问题。人工智能主要能够运用在以下几个方面。

（1）路况监测。传统路况监测工作需要交警完成，交警在巡逻过程中，需要花费大量时间与精力，还需要进行记录，花费大量时间，工作压力较大。将人工智能运用在交通检测中，能够利用人工智能技术代替交警进行路况监测工作。其主要利用具有智能系统的无人机进行巡逻，交警只需要通过终端观看路面情况，并将路面情况进行记录即可，能够大大节省工作时间，提高工作效率。人工智能无人机还具有较多优点，如成本低，效率高，能够全天候进行工作，检测范围广。

（2）交通基础设施数据检测。使用具有人工智能系统的无人机还能够进行交通基础设施数据检测，并且无人机拥有较高分辨率，能够将一些不易观察到的角落充分显示出来。道路信息能够及时更新，从而为客户提供有效信息。

2）交通违法执法

（1）实现人车特征关联。由于现阶段司机和车的数量在不断增长，因此交通违法行为数量增多，在大多数情况下，交警无法快速处理多项交通违法事件，并且处理速度慢，易出错。而使用人工智能进行交通违法执法，就能够改善此种现状，提高工作效率。主要实施措施为：在交通路口安装智能监控，全天候对此路口的车辆信息进行监测，还能够实现快速抓拍功能，成像效果清晰，在出现闯红灯等违法行为时，对其进行抓拍，交警只需要根据监控系统提供的画面，对驾驶人进行处罚即可。只要掌握了车辆信息，就能找到驾驶人，并对其进行处罚。

（2）动态监测。人工智能监测系统，还能够实现动态监测功能，同时对检测区域内的车辆违法信息进行甄别，出现违法行为时能够在第一时间将违法车辆相关信息上传到交通部门内部网络，同时还能够运用人脸识别技术，对驾驶人容貌进行记录。人工智能监控系统能够在最大限度上帮助交警开展工作，对交通违法当事人进行处罚，在提高工作效率的同时，降低交通违法事件发生率。人工智能车辆动态监测系统见图6-24。

图6-24　人工智能车辆动态监测系统

3）人工智能在道路交通管理中的应用探析

将人工智能运用在道路交通管理中并非是一项创新之举，人工智能现阶段运用十分广泛，不仅被运用在机器人制造中，还被运用在互联网汽车中，甚至还被运用在智慧城市打造中。人工智能技术发展已十分完善，并且有大量可以借鉴的成功经验。接下来分析人工智能在道路交通管理中的具体运用。

（1）研发智能信号灯。交通拥堵是我国道路交通存在的重要问题之一，随着社会经济建设的不断发展，人们生活水平逐渐提高，私家车数量不断上升。据有关调查统计，现阶段，我国私家车数量已经达到3亿辆，不仅造成交通严重拥堵，还造成环境污染，每年汽车尾气排放量大幅提升。相关学者对交通拥堵原因进行分析，发现主要是因为信号灯设计得不合理，过于落后，改善交通拥堵现状的首要前提是设计合理的智能信号灯（见图6-25）。

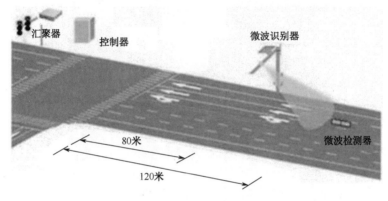

图6-25　智能信号灯

将人工智能技术运用在信号灯控制上，能够极大改善交通拥堵现状，在研发出智能信号控制灯之后，选择某一交通枢纽进行试验，经过一段时间的试验表明，交通拥堵情况得到大大改善，智能信号灯还具有提高交通吞吐量，节省道路加宽成本的功效。传统交通信号灯主要是提前设计好灯光颜色转换时间，并且会定期对相关数据进行调整，保证正常运行，但随着交通问题日益加剧，这种信号灯已经不再能够满足人们的需求，而人工智能信号灯则能够改善这一问题。人工智能信号灯主要是利用人工智能中的感知功能，对不同路口车流量进行感知，能够实时检测路口车辆信息，并将路口画面传输到终端设备中，继而采用人工智能中的计算功能，根据路口实际车流量精准计算信号灯颜色变化时间，在一定程度上能够优化车辆通行状况，具有一定的灵活性。人工智能信号灯主要采用完全分散的方法实现信号控制，每个信号灯由不同终端控制，能够实时监测路口的车流情况，并迅速做出反应。传统信号灯由单一系统控制，无法做到根据具体情况随时变化。

（2）警用机器人。现阶段，交通管理主要由交警部门进行管理，工作量大，而且需要全天监管、指挥交通、避免出现安全事件等，交通工作压力大，经常会由于工作强度大造成工作疏忽。针对这种现状，就需要将人工智能技术充分运用到交通管理中，加大科技投入，不断进行警用机器人研发。警用机器人（见图 6-26）能够实现全天 24 小时巡逻与交通监管，提高交通部门工作效率，缓解交警工作压力，同时还能够优化交通管理。警用机器人同样运用了人工智能中的核心技术——反馈、计算与感知功能，能够实时将道路情况反馈到交警部门终端，相关工作人员只需要实时监控。警用机器人还能够进行夜晚酒驾查询工作，通过识别与计算功能，判断驾驶员体内酒精含量，并根据具体情况做出相应反应措施；能够指挥交通，有效避免交通事故的发生；能够有效识别出路面交通状况与信号灯，在车流量大的情况下，有效指挥车辆运行；面对违法车辆，能够采用识别系统，将驾驶车辆信息上传到交警队。警用机器人的出现对交通管理工作起到了重要作用。

图 6-26　警用机器人

（3）精细化预警。车辆数量在不断增加，同时也存在一定数量的交通事故，在造成财产损失的同时，对生命安全也造成了一定隐患，因此需要充分运用人工智能技术，协助交警进行精细化预警。现阶段监控普遍存在识别能力差等问题，在实际应用中，经常出现问题，而人工智能具有较强的识别功能，能够在短时间内对动态图像进行识别，具有较大优势（车辆精细化预警见图 6-27）。将此项技术运用在高速公路监测，其特有的识别功能与感知功能，能够对高速公路中的违法超速、超车，非法占用应急车道等交通违法行为进行记录。此外，针对高速公路预警手段不健全现象，也给予了解决方案，即研制出声音、光源为一体的预警设备，安装在极易出现交通事故的路段，利用声音与灯光提醒驾驶员，使其保持警惕，适当减速，避免发生安全事故。最后，针对一部分路况较为复杂的地区，声光预警设备也能够及时感应，提醒过往车辆注意道路安全。人工智能运用十分广泛，将其运用在预警系统处理与设计上，能够更加快速地感应危险，并在较短时间内做出反应，用以提醒来往车辆。预警系统的运用，能够为人们营造安全出行的环境，并有效降低各种交通事故的发生率，具有较大价值。

图 6-27 车辆精细化预警

由于现阶段交通发展中存在诸多问题，如交通拥堵等，加剧了交通管理部门的工作压力，将人工智能运用在交通管理中，能够缓解交通拥堵现状，改善交通。本小节主要从人工智能运用在信号灯、警用机器人与精细化预警三方面进行分析，人工智能技术优势众多，只要对其进行合理运用，就能够有效营造出良好的出行环境，降低交通事故的发生率。

⊙ 6.6.4 医疗

近年来，人工智能技术不断发展，在各个行业都应用广泛。在医疗行业也取得了非常大的进步。人工智能中的各种技术如自然语言处理、语音识别、语义分析、图像识别等被广泛应用于临床医疗，主要方式为机器辅助手术、辅助医学影像识别、药物的研究及各种疾病的预测等。这些技术都取得了比较好的作用效果，人工智能技术也逐渐成为衡量医疗条件先进与否的重要因素。本小节将对人工智能在精准医疗和临床科研的作用进行研究分析。

1. 人工智能在精准医疗和临床科研的应用

1）精准医疗

精准医疗（见图 6-28）是指对患者进行精准诊断、精准治疗、精准护理等。实现精准医疗除了依靠医生丰富的经验外，还要依靠现有人工智能医疗技术的不断发展。

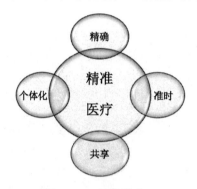

图 6-28　精准医疗

例如，通过传感器，我们可以得到患者的睡眠质量、心率等各方面的生命体征数据。这些数据可以为医生进行有效诊断提供判断依据。另外，依靠人工智能手段可以对特定的疾病进行发现和预测，并且还可以对一些慢性疾病进行长期的时间检测，从而达到有效预防的作用。运用人工智能技术，可以对不同疾病的患者数据进行收集，分析数据，使用精准医疗技术促进我国医疗技术的不断发展。精准医疗基于海量数据对诊断结果进行诊断检验。

精准医疗还可以将患者的个人基因、生活环境、饮食状况等信息纳入分析范畴，研发个性化的治疗方案，对不同的患者制订个性化的治疗方案。

2）图像分析

人工智能在医学图像方面的应用主要有三个方面：影像、病理学检查和内镜成像（见图 6-29）。人工智能技术可应用于多种类型的图像分析，包括 X 线、核磁共振图像及 CT 等。斯坦福大学开发的 CheXnet 系统主要是根据 10 万张胸部 X 线正位片来进行数据建模，构建了一个含有 121 层的卷积神经网络。经过测试，该系统在肺炎方面的检测上取得了非常好的效果。在用于内镜检查时，如胃镜检查，可辅助诊断系统，一旦发现息肉、肿瘤等异常，会马上提示医生进行更细致的检查，为医生决策提供辅助。目前，越来越多的领域采用了人工智能的图像分析，如近几年的深度学习图像分析，被应用于检测视网膜病变及皮肤病变等，都取得了不错的进步。

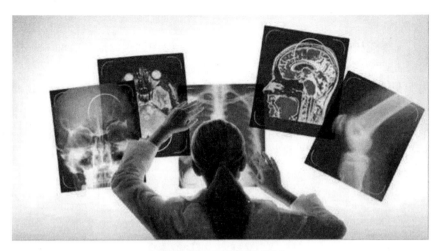

图 6-29　医疗图像分析

3）药物研发

人工智能技术在药物研发方面（见图 6-30）也取得了不俗的成绩。利用计算机的深度学习技术及数据处理、数据分析能力，可以及时发现药物在合成中出现的异常值、不合理数值。并且利用挖掘技术可以对药物的实验预期效果进行预测，极大地缩短了药物的研发时间，大大提高了研发效率。很多心血管疾病及肿瘤控制等方面的药物已经采用了人工智能技术。

图 6-30　药物研发

4）远程医疗

目前，人工智能在远程医疗方面主要包含远程会诊和远程诊断等方面（见图 6-31）。我国幅员辽阔，人口众多，医疗资源分布非常不平衡，尤其在农村及偏远地区，医疗条件很差。对于生活在偏远地区的人们，让其花费大量金钱去大城市就诊，非常不现实。此时，远程医疗可以让他们不用跑医院，在家就可以看病，得到大医院专家的治疗。远程医疗极大地缓解了穷困人民看不起病的现实问题。随着人工智能技术的不断发展，相信依靠科学进步，未来会给这些地区的人民带来更好的医疗服务。

图 6-31　远程医疗

5）医疗机器人

人工智能的另一个发展很快的应用就是机器人，2017 年阿尔法围棋在乌镇击败了围棋世界排名第一的柯洁。机器人的发展现状已经取得了突破性的进展，同时智能机器人也在医学领域发挥着不可替代的作用。医疗机器人（见图 6-32）可以对医疗影像进行分类识别、医学诊断等。用于临床方面的机器人有很多种，主要包含手术机器人、护理机器人等。其中，手术机器人已经有了比较成熟的技术，在外科领域，著名的外科手术系统——达芬奇，具有控制方便、成像清晰等特点，如今达芬奇机器人已经在多个国家应用，精确性和平稳性都比较好。手术机器人精确的控制力可以解决以前手术操作难、创伤面大、引起并发症等多种问题。除此之外，手术机器人也在胸外科、妇科等领域广泛应用。

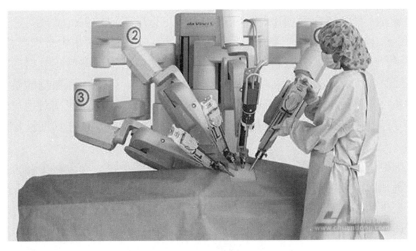

图 6-32 医疗机器人

6）专家系统

人工智能在医疗专家系统（见图 6-33）方面也有很积极的作用，专家系统就是通过以往专家的经验制定判断规则，用来解释复杂的问题，经过模拟学习，通过计算机程序可以对问题得出和专家系统计算结果相同的结论。专家系统最主要的问题是，此系统必须要包含大量专家的经验，以此才能构建完整、准确的规则知识库，只有知识库够准确，覆盖范围够广，在构建模型时计算机系统才能模拟专家，做出合理的推理和判断。在医疗领域，最早的专家系统是根据人为制定的规则开发的，但是临床数据非常多，并且具有个体性和多样性，所以早期的专家系统具有一定的局限性，随着人工智能技术的发展，人工智能可以使专家系统进行自我学习，成为临床工作中的得力工具。

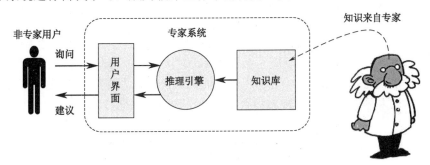

图 6-33 人工智能专家系统

2．人工智能在医疗领域应用需注意的问题

人工智能在医疗领域发展迅速，但是又存在对患者隐私数据的侵权问题。一方面，人工智能技术需要大量的用户数据进行算法训练，才可以取得比较好的效果，通过对数据进行精准建模，产生预测结果，制订个性化医疗方案。另一方面，采集大量患者数据的同时，必然会涉及用户隐私数据。在分析基因、性格特征、生活习惯这些敏感数据的时候，给隐私保护带来威胁。因此，要把隐私数据保护作为一个系统，强调隐私数据的整体性，需要伦理、法律和技术的协同作用，共同为隐私数据保驾护航。目前，我国对用户的个人基因信息并没有专门的立法保护。建立对医疗患者隐私数据的保护是现在精准医疗发展的当务之急。

由于我国经济发展不平衡，目前优秀的人工智能医疗系统大部分集中在大型医院，基层医院及偏远地区医院的医疗水平较低，与医学前沿发展脱轨。在基层医院及偏远地区医院中多引进先进的人工智能医疗系统，可以提高整个医疗行业的水平。

综上所述，人工智能技术在医疗领域确实对提高医疗水平和诊断的准确率有很大的帮助，除此之外，还可以增加优质医疗的覆盖广度。本小节对人工智能在医疗领域的各种应用做了研究，相信随着人工智能技术的不断发展，数据的不断积累，人工智能在医疗领域的应用发展前景会更加广阔。

⊛ 6.6.5 文娱

文化产业中，人工智能已经渗透到从内容生成到内容分发、内容审核、运营管理、优化用户体验等方方面面。这说明，人工智能在文化娱乐领域不仅应用范围广，而且程度深，正在全方位地变革文化产业。人工智能技术的发展为文化产业提供了诸多应用性机遇。其中一些关键性技术点与文化产业相结合，可以实现文化内容产生、创意资讯传播及文化市场管理方面的创新。

人工智能在文娱行业的应用场景

在现实世界的应用中，影像生产企业对人工智能的"依赖"不仅体现在剧情预测、观影用户情绪识别预测等辅助创作。更为直接的是，文娱企业加大在影像内容生产辅助技术、辅助决策技术的投入，将直接影响内容生产企业资本化效率。随着"AI+文娱"的进一步融合、深入，政策和资金层面的大规模投入，智能影像生产辅助技术也在多个文娱细分领域发挥了作用。

1）视频识别及生产：一秒万帧的速度

视频识别将成为生产性企业的基础应用技术之一。据 Forrester 发布的《2019—2020 Video AI 技术预测》报告显示，90%的中国视频平台正在借助专业的视频识别技术对视频进行数据结构化，在视频内容原创、视频营销、视频结构化商用、视频大数据、机器人流程化等领域产生财务绩效，通过自动化影像加工辅助技术、生产技术为产业升级提供动力。

在实际应用中，如果一部综艺节目在制作期间人手紧张，同时又要面对大量复杂的视频内容、艺人变更等情况，难免会出现漏剪错剪、临时更替等问题。而视频识别可以把存量视频结构化、识别关键帧内容、关键帧关联及预测，通过机器重生一段完整视频，提高播放效率，降低误播、漏播率，为商业预测提供数据基础。

"影谱科技"（见图 6-34）技术负责人樊硕认为，应用于影像分析及生产的人工智能系统，可快速分析实时传输中的影像信息，对关键像素信息进行检测分析，从而帮助影像生产及运营企业更好地制订整片方案，提升效率。即使在不同地方的影像生产企业也可以接入系统平台，这意味着新开发的人工智能系统即便在偏远的乡村等地区实拍视频，也可高效部署。

图 6-34　"影谱科技"视频中的运用

目前，"影谱科技"人工智能影像生产系统已获得我国多数文娱企业的业务采纳。与此同时，调查显示，多数视频企业在 2019 年制定了一个重要目标，即通过该人工智能技术创新，每年都提高视频生产效率、视频货币化水平、视频数据应用效率，以减轻一次性投入的成本负担。

我国长视频数据的年增长率约为 30%，短视频日产量更是达到亿条。海量数据、用户观影行为为机器学习提供了大量的训练数据，使我国成为视频识别技术的超级大国。

2）智能商业：内容是营销最佳载体

智能影像生产技术通过深度学习，产生视频内帧的关联及预测，具有类人创作思维和推理过程的能力，在记忆力、运算速度和精度上都可以优于人类（见图 6-35）。

图 6-35　人工智能运用在电影中

　　近年来，"影谱科技"人工智能影像生产系统已在多个头部热门综艺节目及热播剧中得以深度应用，这些热播剧目选择与传统方式不同的技术手段，通过采纳"影谱科技"智能影像生产技术，让品牌主的广告画面成为原视频内容的一个部分，更有甚者，把原本不存在的品牌主物品以"虚拟广告道具"的方式无违和感地植入视频播放／用户观影过程中。

　　这是人工智能技术的成果，通过 AI 完成在视频内商业化增值，而无须前期投入成本和时间，依托"影谱科技"智能影像生产技术，辅助视频平台实现智能商业化。

　　3）信息载体融合：图、文、音、影无缝转化

　　在中国，图、文、音、影等不同信息载体的融合，正成为传媒产业的重要基础设施，如图 6-36 所示。

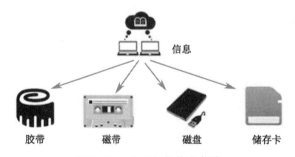

图 6-36　人工智能信息载体

　　事实上，传统的图像、文字音频、视频相互转化，通常人工需要一周时间，平均花费 263 美元，内容失真率却高达 52%。而 AI 技术的加入，可以使信息介质融合互换更快速、更低价、更有效，如记者采写内容可通过 AI 技术一键生成与内容相匹配的视频、音频等。

虽然一些媒体对此仍持怀疑态度,但大多数专家预测"人工智能+文娱"这一"赛道"变得日益激烈。随着人工智能浪潮的兴起,普通前端采编人员将很快用上新工具来武装自己,提高精彩内容开发效率和时间,如光明网在两会期间应用"影谱科技"信息可视化方案让内容生产变得有趣。

AI有可能改变内容开发的整个过程,如内容创造、生成机制、影响力提前预测、观察数据等方面。

近期在德国新媒体技术大会上表示,AI可以帮助采编人员从巨大体量的新闻源数据库中完成热点搜索、理解数据,其他应用场景包括:选题筛选、预测性质、新闻形态预测、辅助资料研究等。发布阶段,借助机器学习技术,媒体运营人员可以对不同读者发布不同信息载体的内容,进行试验以获得不同的读者反馈及数据,并将其映射到后端的内容采编系统上,通过机器学习,在更受读者喜欢的基础上定义新题材。

4)视频生产机器人:未来文娱产业的"标配"

"视频生产机器人"也正在慢慢渗透我们的娱乐生活,并逐渐成为新的创业和投资热点。

在亚洲,风险投资家仍然对人工智能领域技术差别化应用的广度和深度持乐观态度,如在智能影像生产技术及文娱产业应用上,拥有高门槛的"影谱科技",最新一轮融资总额超15.6亿元,成为大部分亚洲投资者的重要持有标的。

视频生产机器人在文娱行业中的应用已十分广泛。例如,在短视频领域,主要协助用户进行视频剪辑的一键剪辑机器人,用户设定一个脚本或情景图片,就能自动完成一个短视频合集。

还有很多其他应用场景。例如,在影视工业生产领域,特效生产机器人自动辅助完成特效预处理,以提高专业特效人员的工作效率;视频重建机器人能在一段视频受损的情况下,完成画面的3D重建,使其重新变成一段高清或修复后的新视频,等等。有专家预测,"视频生产机器人"会成为未来文娱产业的"标配"。

人工智能创业赋能对经济发展和文化提高都有巨大的影响,对加快实现产业转型升级,推动区域经济高质量发展有着积极的作用。随着时间的推进和技术的进步,这种影响将越来越明显地表现出来。还有一些影响在现在可能是难以预测的,但是可以肯定的是,人工智能将对人类的物质文明和精神文明产生越来越大的影响。因此,在深入学习人工智能之前,了解人工智能产业赋能对学好人工智能起着很好的帮助作用。

知识回顾

本章学习人工智能学科的哲学与思考,通过对智能层级的了解,引申出人工智能奇点论和人与机器界限的知识。弱人工智能、强人工智能、超人工智能的分类,让我们对人工智能有更加深入的了解和认识。奇点论和伦理危机的提出，让人工智能技术朝着有利于人类的方向发展。机器国际博弈和产业赋能作为人工智能的重要分支，随着人工智能发展的迅猛，会越来越受到重视。

任务习题

简答题

1. 智能的层级分为哪几层？请简要概述它们之间的区别。

2. 计算机是人工智能吗？

3. 你认为人与机器的界限是什么？

4. 在人工智能日益发展的今天，如刷脸借还图书、一键查寝和自动查寝、节假日独居宿舍长时间没出宿舍预警等，人工智能的应用给我们带来便利的同时，会不会侵害我们的隐私权？

5. 人工智能伦理问题是人工智能的伦理问题，还是人工智能设计者、生产者和使用者的伦理问题呢？

6. 在了解阿尔法围棋战胜人类职业围棋选手李世石后，人工智能对于国际博弈的影响有哪些？

7. 人工智能对产业赋能的影响有哪些？

8. 人工智能的赋能领域有哪些？

9. 人工智能对教育有哪些影响？